装配式混凝土结构建筑实践与管理丛书

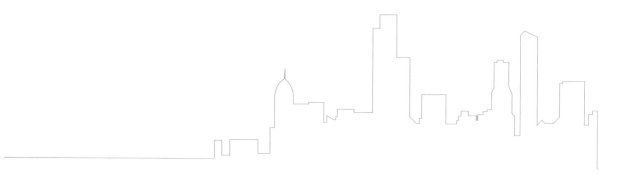

装配式混凝土建筑
——构件制作问题分析与对策

丛 书 主 编　郭学明
丛书副主编　许德民　张玉波

本 书 主 编　张　健
本书副主编　叶贤博　张玉波
参　　　编　高　中　李　营　钟志强

机械工业出版社
CHINA MACHINE PRESS

本书以问题为导向,聚焦当前装配式混凝土建筑构件制作中出现的各种问题,通过扫描问题、发现问题、分析问题、解决问题和预防问题,以期为当前装配式混凝土建筑的构件制作人员在制作生产过程中提供全方位、立体化、专业化的综合性解决方案,从而保证制作人员真正生产出符合设计及施工要求的高质量装配式混凝土建筑预制构件,充分发挥和利用装配式混凝土建筑标准化、模块化、产业化等先进性及各种优势,推动装配式混凝土建筑的健康可持续发展。

本书适合于从事装配式建筑构件制作的技术、监理、生产及管理人员,对于装配式建筑设计和安装施工人员也有很好的借鉴和参考意义。

图书在版编目(CIP)数据

装配式混凝土建筑. 构件制作问题分析与对策/张健主编. —北京:机械工业出版社,2020.1

(装配式混凝土结构建筑实践与管理丛书)

ISBN 978-7-111-64393-7

Ⅰ.①装⋯ Ⅱ.①张⋯ Ⅲ.①装配式混凝土结构–装配式构件–制作–问题解答 Ⅳ.①TU37-44

中国版本图书馆 CIP 数据核字(2019)第 285925 号

机械工业出版社(北京市百万庄大街22号 邮政编码100037)
策划编辑:薛俊高 责任编辑:薛俊高
责任校对:刘时光 封面设计:张 静
责任印制:孙 炜
北京联兴盛业印刷股份有限公司印刷
2020年1月第1版第1次印刷
184mm×260mm · 13 印张 · 1 插页 · 309 千字
标准书号:ISBN 978-7-111-64393-7
定价:79.00元

电话服务　　　　　　　　网络服务
客服电话:010-88361066　机 工 官 网:www.cmpbook.com
　　　　　010-88379833　机 工 官 博:weibo.com/cmp1952
　　　　　010-68326294　金 书 网:www.golden-book.com
封底无防伪标均为盗版　机工教育服务网:www.cmpedu.com

序

"装配式混凝土结构建筑实践与管理丛书"是机械工业出版社策划、出版的一套关于当前装配式混凝土建筑发展中所面临的政策、设计、技术、施工和管理问题的全方位、立体化的大型综合丛书，其中已出版的 16 本（四个系列）中，有 8 本（两个系列）已入选了"'十三五'国家重点出版物出版规划项目"，本次的"问题分析与对策"系列为该套丛书的最后一个系列，即以聚焦问题、分析问题、解决问题，并为读者提供立体化、综合性解决方案为目的的专家门诊式定向服务系列。

我在组织这个系列的作者团队时，特别注重三点：

1. 有丰富的实际经验

2. 有敏感的问题意识

3. 能给出预防和解决问题的办法

据此，我邀请了 20 多位在装配式混凝土建筑行业有多年管理和技术实践经验的专家、行家编写了这个系列。

本系列书不系统地介绍装配式建筑知识，而是以问题为导向，围绕问题做文章。编写过程首先是扫描问题，像 CT 或核磁共振那样，对装配式混凝土建筑各个领域各个环节进行全方位扫描，每位作者都立足于自己多年管理与技术实践中遇到或看到的问题，并进行广泛调研。然后，各册书作者在该书主编的组织下，对问题进行分类，筛选出常见问题、重点问题和疑难问题，逐个分析，找出原因，特别是主要原因，清楚问题发生的所以然；判断问题的影响与危害，包括潜在的危害；给出预防问题和解决问题的具体办法或路径。

装配式混凝土建筑作为新事物，在大规模推广初期，出现这样那样的问题是正常的。但不能无视问题的存在，无知胆大，盲目前行；也不该一出问题就"让它去死"。以敏感的、严谨的、科学的、积极的和建设性的态度对待问题，才会减少和避免问题，才能解决问题，真正实现装配式建筑的成本、质量和效率优势，提高经济效益、社会效益和环境效益，推动装配式建筑事业的健康发展。

这个系列包括：《如何把成本降下来》（主编许德民）、《甲方管理问题分析与对策》（主编张岩）、《设计问题分析与对策》（主编王炳洪）、《构件制作问题分析与对策》（主编张健）、《施工问题分析与对策》（主编杜常岭），共 5 本。

5 位主编在管理和技术领域各有专长，但他们有一个共同点，就是心细，特别是在组织作者查找问题方面很用心。他们就怕遗漏重要问题和关键问题。

除了每册书建立了作者微信群外，本系列书所有 20 多位作者还建了一个大群，各册书的重要问题和疑难问题都拿到大群讨论，各个领域各个专业的作者聚在一起，每册书相当于增加了 N 个"诸葛亮"贡献经验与智慧。

我本人在选择各册书主编、确定各册书提纲、分析重点问题、研究问题对策和审改书稿方面做了一些工作，也贡献了 10 年来我所经历和看到的问题及对策。许德民先生和张玉波先生在系列书的编写过程中付出了很多的心血，做了大量组织工作和书稿修改校对工作。

出版社对这个系列也给予了相当的重视并抱有很高的期望，采用了精美的印制方式，这在技术书籍中是非常难得的。我理解这不是出于美学考虑，而是为了把问题呈现得更清楚，使读者能够对问题认识和理解得更准确。真是太好了！

这个系列对于装配式混凝土建筑领域管理和技术"老手"很有参考价值。书中所列问题你那里都没有，你放心了，吃了一枚"定心丸"；你那里有，你也放心了，有了预防和解决办法，或者对你解决问题提供了思路和启发。对"新手"而言，在学习了装配式建筑基本知识后，读读这套书，会帮助你建立问题意识，有助于你发现问题、预防问题和解决问题。

当然，问题是繁杂的、动态的；不仅是过去时，更是进行时和将来时。这套书不可能覆盖所有问题，更不可能预见未来的所有新问题。再加上我们作者团队的经验、知识和学术水平有限，有漏网之问题或给出的办法还不够好都在所难免，所以，非常欢迎读者批评与指正。

郭学明

2019 年 10 月

十五年前我讲入混凝土预制构件生产企业，从事预制构件的生产、技术和质量管理工作，从试验室做起，先后担任过企业的质量主管、技术负责人、生产负责人。 2013 年至今一直担任装配式建筑预制构件工厂的厂长。 在这十几年的工作经历中，遇到过构件制作的很多问题，也解决了一些实际问题，积累了一定的经验。 近几年，我还参与了郭学明先生主编的《装配式混凝土结构建筑的设计、制作与施工》《装配式混凝土建筑——构件工艺设计与制作 200 问》《装配式混凝土建筑制作与施工》（高校教材）等技术书籍的编写工作，并在郭学明先生组织编写并担任编委会主任的《装配式混凝土建筑口袋书——构件制作》一书中担任副主编。

丛书主编郭学明先生委托我担任本书主编，主要考虑我在预制构件生产方面接触的实际问题较多，有一定的解决实际问题的能力。 获此信任和委托，我感到责任重大，也非常荣幸。 如此重任虽然让我有些诚惶诚恐，但让我有底气的是本书有很棒的作者团队。 其他五位作者中有三位先后在我现在工作的企业担任过预制构件工厂厂长，是我的前任和师傅，目前他们在装配式建筑不同企业的重要岗位发挥着重要的作用。 另两位作者中的一位是我的前辈，多年前就在中国最优秀的预制构件企业担任技术高管；另一位是经验丰富的企业管理者，也是我现在的领导。 作者团队中不是我的师傅，就是我的前辈、我的领导，与他们共同编写这本书，让我深感荣幸。

本书的宗旨是针对装配式混凝土建筑构件的制作，扫描问题，找出问题，然后开出药方，并给出预防和解决问题的具体办法。

丛书主编郭学明先生指导、制定了本书的框架及章节提纲，给出了具体的写作指导，并对全书书稿进行了几次审改；丛书副主编许德民先生对本书部分章节进行了修改，并提供了一些有价值的照片；丛书副主编张玉波先生在本书编写过程中做了大量的组织工作，并对全书书稿进行了校对、修改和统稿。

本书副主编叶贤博先生现任上海城业管桩构件有限公司总经理、构件厂厂长；丛书副主编兼本书副主编张玉波先生是沈阳兆寰现代建筑构件有限公司董事长；参编高中先生现任安徽晶宫绿建集团有限公司阜阳晶宫宝能工厂厂长；参编李营先生现任江苏中鹰国际装配式建筑科技股份公司副总经理；参编钟志强先生现任中建科技有限公司深圳分公司副总经理。

本书共分 23 章。

第 1 章预制构件制作常见问题概述，列举了预制构件制作各个环节中常见的问题及其分类，并指出了各问题的普遍性和严重性，同时也提出了预防问题的思路与原则及解决已出现问题的思路与方法，以期给读者一个本书的概貌，引出后续具体分析的章节。

第 2 章预制构件制作简介，在具体分析预制构件制作各个环节存在的问题之前，先介绍了装配式混凝土建筑预制构件制作的基本知识，包括预制构件类型、预制构件制作工艺、预制构件与制作工艺的对应关系、参与协同设计和图纸会审的重要性、生产管理要点、技术管理要点、管理与技术岗位和主要技术工种、重要的操作规程和岗位标准清单等。

第 3 章不能按时履约的原因分析与解决办法，分析了不能按时履约的主要原因，并针对这些原因给出了确保按时履约的主要措施，同时对生产计划、关键环节与关键构件、短期产能不足的救急措施、模具不够的救急措施、场地不足的救急措施、北方冬季生产措施等进行了较为系统的论述。

第 4 章构件误差大的原因与预防措施，构件生产中最重要的目标之一就是控制产品的误差，主要介绍了模具检验、构件表面检验、伸出钢筋定位检验措施、套筒定位及预埋件如何定位等。

第 5 章构件裂缝原因及预防和处理办法，裂缝是混凝土普遍存在的问题，出现裂缝的构件是否可用须通过检测、分析或试验后确定。有的裂缝无害、不必修补；有的裂缝有害，但修补后可以使用；还有的裂缝不能或不得修补，构件必须报废。

第 6 章混凝土质量问题与预防措施，给出了预制构件混凝土常见质量问题实例，对常见问题进行了汇总，对重点问题如混凝土强度不足、蜂窝麻面和抗冻性不好的原因做了具体分析，并给出了预防措施和处理办法。

第 7 章构件破损和污染原因与预防措施，预制构件对产品的外观质量要求很高，本章分析了构件破损与表面污染的原因，给出了脱模、翻转、厂内运输、构件存放、装车及运输防止破损和污染的措施。

第 8 章容易出错或遗漏的事项及预防措施，列出了预制构件制作企业容易出错或遗漏事项清单，图纸会审项目清单；给出了避免隐蔽工程验收漏项、混凝土强度等级错误、预埋件预埋物遗漏以及其他出错与遗漏的具体预防措施。

第 9 章成本问题原因分析和控制措施，高成本是影响装配式混凝土建筑健康发展的关键环节，分析了高成本与浪费现象的原因，给出了减少窝工、降低模具成本、杜绝材料浪费、降低能源消耗和减少无效投入、降低摊销费用的具体措施。

第 10 章常见安全问题与预防措施，列出了预制构件工厂在生产环节中常见的安全问题，分析了原因，并给出了预防措施。

第 11 章材料环节常见问题与预防措施，列出了材料采购验收、保管常见的问题，给出了避免采购不合格材料和验收漏项及保管不当的相应措施。

　　第 12 章模具环节常见问题与预防措施，列出了模具设计与制作、模具重复利用或改用模具中存在的问题，给出了一些具体的实例照片，分析了问题的原因，并对所列问题给出了具体的预防措施和处理办法。

　　第 13 章钢筋、预埋件环节常见问题与预防措施，列出了预制构件钢筋制作、钢筋骨架入模组装、套筒与预埋件入模定位、防雷引下线入模、保护层垫块安放等环节的常见问题，给出了预防措施，并给出了钢筋预埋件拥堵影响混凝土浇筑问题的预防与处理程序。

　　第 14 章混凝土制备、运送常见问题与预防措施，在预制构件的质量问题中，与混凝土制备和运送相关的问题占很大的比例，且可能造成严重的危害或重大的损失。本书列出了工厂混凝土制备、运送不当引起的混凝土强度降低、施工性能差、混凝土离析和坍落度不能满足施工要求等问题，并给出了上述问题的预防措施。

　　第 15 章模具涂剂常见问题与预防措施，介绍了常用的模具涂剂及施工方法、脱模剂施工常见问题及预防措施、缓凝剂施工常见问题及预防措施。

　　第 16 章装饰面常见问题与预防措施，列举了石材反打和装饰面砖反打接缝不顺直、容易受到污染等问题，列举了清水混凝土常见问题，举例分析了清水混凝土产生裂纹和裂缝的原因，并对清水混凝土表观质量缺陷和原因进行了分析，列举了装饰混凝土常见问题，并给出了预防措施和处理办法。

　　第 17 章混凝土浇筑常见问题与预防措施，在混凝土浇筑时如果没有按工艺要求作业或浇筑过程控制不当，将直接影响预制构件的质量，严重的会造成产品报废。列出了因混凝土浇筑时未核对强度等级、混凝土振捣方式不正确、表面拉毛或压光不合规等造成的混凝土强度与设计不符、混凝土不密实、混凝土成型面质量不符合要求及露出钢筋严重污染等问题，并给出了上述问题的预防措施。

　　第 18 章夹芯保温板制作常见问题与预防措施，列举了夹芯保温板拉结件常见的问题，从制作角度简单分析了一次作业法的危害、保温拉结件的锚固问题、作业过程中的保温板敷设和其他环节中常见的一些问题，并给出了相应的预防和处理措施。

　　第 19 章混凝土养护常见问题与预防措施，混凝土养护是预制构件生产中非常重要的环节，养护不当会造成预制构件裂缝、裂纹、强度不够及养护过程中耗能过高等问题，严重影响构件质量和生产成本。同时列出了流水线工艺和固定模台工艺在养护环节的常见问题并给出了预防措施。

　　第 20 章脱模、翻转常见问题与预防措施，预制构件脱模、翻转作业时，由于操作不当经常会导致构件损坏，严重时会导致构件报废，因此对脱模、翻转作业要给予重视。本章列举出了板式构件、梁柱构件、复杂构件脱模、翻转中的常见问题，并给出了预防措施。

　　第 21 章修补与表面处理常见问题与处理办法，针对预制构件修补与表面处理常见问题进行了分析并给出了解决办法。

　　第 22 章构件的存放、装车和运输，列出并分析了构件在存放、装车和运输中常见的问题，并给出了具体的预防措施。

第 23 章档案环节存在的问题与预防措施，分析了档案环节存在的问题与预防措施，对建档、存档与交付等环节进行了深入的分析，并对不能遗漏的试验项目、影像档案这两个专题进行了讨论。

我作为本书主编对全书进行了初步统稿，并且是第 4~7 章、第 11 章的主要编写者；副主编叶贤博先生是第 12 章、第 13 章、第 16 章、第 18 章的主要编写者；丛书副主编、本书副主编张玉波先生是第 1~3 章、第 22 章、第 23 章的主要编写者；参编高中先生是第 14 章、第 15 章、第 17 章、第 21 章的主要编写者；参编李营先生是第 9 章、第 10 章、第 19 章、第 20 章的主要编写者；参编钟志强先生是第 8 章的主要编写者。

感谢上海杭迪砼钢构件有限公司高燕玲女士为本书有关混凝土质量问题分析给予的大力协助并提供资料。 感谢马建荣先生对本书部分章节的写作指导。

感谢上海联创设计集团股份有限公司在本书写作过程中给予的支持。

感谢沈阳兆寰现代建筑构件有限公司、上海城业管桩构件有限公司、阜阳晶宫宝能节能建筑有限责任公司、江苏若琪建筑产业有限公司等企业提供的指导及资料。

由于装配式建筑在我国发展较晚，不同地区、不同企业预制构件制作出现的问题也不尽相同，加之作者水平和经验有限，书中难免存在不足和错误，敬请读者批评指正。

本书主编　张健

CONTENTS ▶▶▶▶▶ 目录

第1章
预制构件制作常见问题概述

本章提要

　　本章列举了预制构件制作各个环节常见的问题及其分类，并指出了该问题的普遍性和严重性，同时也提出了预防问题的思路与原则和解决已出现问题的思路与原则，以期给读者一个本书的概貌，引出后续具体分析的章节。

1.1　问题的普遍性与严重性

　　最近几年，装配式混凝土建筑迅猛发展，取得了很大的成绩。但必须看到，由于发展建设较快，专业技术与管理人才匮乏，培训没有及时跟上，装配式混凝土建筑预制构件环节出现了许多问题。比这些问题还严重的是许多管理和技术人员没有意识到问题的存在；许多人知道有问题，却觉得是新事物发展初期的必然现象，没有马上解决问题的紧迫性；还有人意识不到问题的严重性与危害；更多的人是不知道如何避免和解决问题。

　　必须清楚地认识到，目前预制构件制作存在的问题具有相当的普遍性和严重性。

　　普遍性：一是从原材料到构件制作再到存储运输，各个环节都存在问题；二是许多企业，包括实力很强、名气很大的企业，都不同程度地存在问题。

　　严重性：很多问题与结构安全、成本、工期有关，若不及时解决或处理不当有可能造成严重后果。

　　下面仅以普通构件的制作工艺顺序为例，说明各种问题的普遍性和严重性。

1. 材料环节

厂家进货渠道管理不严或者厂内原材料管理不到位，导致钢筋锈蚀，如图1-1所示。

普遍性：★；严重性：★★★★。

2. 模具环节

模具强度不够，重复使用几次后变形，导致构件尺寸超标而报废，如图1-2所示。

普遍性：★；严重性：★★★★。

3. 钢筋、预埋件环节

（1）钢筋或套筒设计拥堵严重，导致构

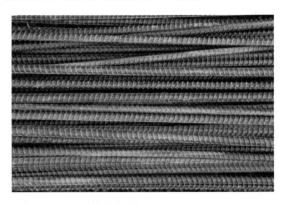

▲ 图1-1　锈蚀的钢筋

件混凝土浇筑振捣困难，影响结构安全，如图1-3所示。

普遍性：★★；严重性：★★★★★。

▲ 图1-2　模具强度不够导致变形

▲ 图1-3　钢筋及套筒设计拥堵严重，导致构件
混凝土浇筑振捣困难

（2）预埋件位置倾斜，导致构件误差过大，因无法安装而只能报废，如图1-4所示。

普遍性：★★；严重性：★★★。

（3）预埋物埋设遗忘，导致工地现场砸墙凿洞，凿断了水平钢筋（此筋有抗剪作用），影响结构安全，如图1-5所示。

普遍性：★★；严重性：★★★★★。

▲ 图1-4　预埋螺母位置倾斜，导致构件无法安装

▲ 图1-5　预埋物埋设遗忘

4. 混凝土制备与运送环节

混凝土水灰比过大造成构件浇筑时离析分层，如图 1-6 所示。

普遍性：★★★；严重性：★★★★。

5. 模具涂剂环节

模具涂剂环节使用了油性脱模剂，导致构件表面受到污染，如图 1-7 所示。

普遍性：★；严重性：★★。

6. 混凝土浇筑环节

混凝土浇筑时振捣时间过长（过振）导致构件分层、胀模而报废，如图 1-8 所示。

普遍性：★★，严重性：★★★★。

▲ 图 1-6　混凝土水灰比过大造成构件浇筑时离析分层

▲ 图 1-7　使用油性脱模剂后表面受到污染

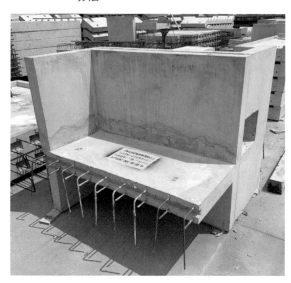

▲ 图 1-8　混凝土振捣过振导致分层

7. 混凝土养护环节

混凝土养护温度过高导致裂缝，如图 1-9 所示。

普遍性：★★★；严重性：★★★★。

8. 脱模与翻转环节

强力脱模导致叠合板边角损坏，如图 1-10 所示。

普遍性：★★★；严重性：★★★。

9. 存放环节

叠合板构件存放时垫方大小不一导致倾斜受力，极易导致产品开裂，如图 1-11 所示。

▲ 图 1-9　混凝土养护过程出现的裂缝

普遍性：★★★；严重性：★★★★。

▲ 图 1-10　强力脱模导致叠合板边角损坏

▲ 图 1-11　因垫方大小不一导致叠合板倾斜存放

10. 装车与运输环节

装车固定不稳，行车速度过快导致构件倾覆，如图 1-12 所示。

普遍性：★★；严重性：★★★★。

▲ 图 1-12　装车固定不稳，行车速度过快导致构件倾覆

1.2　问题的分类

1. 按照问题产生的环节分类

按照问题产生的环节分类，可分为协同设计、图纸会审与技术交底、合同评审、计划编制、模具设计制作与验收、材料采购、钢筋加工、构件制作、构件养护、构件吊运存放、构件装车运输等。

2. 按照问题造成的后果分类

按照问题造成的后果分类，可分为质量差、成本高、延误交货期及影响结构安全等。

3. 按照产生问题的原因分类

按照产生问题的原因分类，可分为外部原因和内部原因两大类。

外部原因包括甲方、设计院、施工企业或者原材料及外协材料供货商、运输公司等外部因素。

内部原因包括企业管理、技术水平、设备工具、制度与规程、岗位设置、人员素质、培训等内部因素。

1.3　预防问题的思路与原则

前面所列的问题中，有的较为普遍，有的后果比较严重，一旦发生，对企业的成本、交货期、信誉等方面都会有较大的影响。

如何预防这些问题的发生，可以参考以下思路和原则：

1. 列清单

任何一个构件制作企业，在生产之初，都应该清楚地知道构件制作中有可能会出现哪些问题，并把这些问题列出来。

这些清单的来源包括但不仅限于以下几点：

（1）本书中列举或提及的问题。

（2）本企业以前发生过的问题。

（3）本企业之前未生产过的新构件，可请教行业专家，看看可能会存在哪些问题（在这方面付出的一点点专家费，远比出现问题时的损失要少得多）。

2. 找原因

针对 1. 中列出的问题清单，应逐条进行分析讨论，列出每一条问题产生的原因，可以采用鱼骨图的方式进行，如图 1-13 所示。

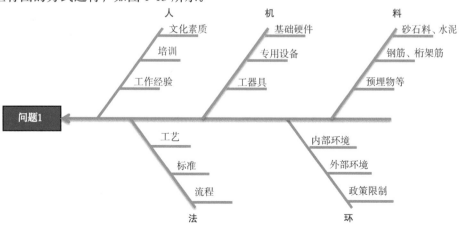

▲ 图 1-13　利用鱼骨图逐一分析问题产生的原因

3. 给对策

针对 2. 中列出的原因，给出相应的预防对策，并落实到具体的部门、负责人以及完成时间期限，见表 1-1。

表 1-1 ××问题的预防措施列表

问题描述	产生原因	预防对策	责任部门	责任人	完成时间
叠合板缺边掉角	1. 混凝土强度不够	复核/调整混凝土配合比	技术部	A	2019-10-10
		复核/调整养护温度和时间	技术部	B	2019-10-20
		……	……	……	……
	2. 强力脱模	培训工人正确的脱模方式	技术部	C	2019-10-30
		……	……	……	……
	……				

4. 新发现问题的处理办法

企业在运行过程中，随时都可能出现新发现的问题。对于这些新问题，应重复以上 1. ~3. 的步骤，将新问题加入企业已有的问题库中。

5. 专家引路的重要性

装配式建筑是一个经验性比较强的实践性技术，对于一种新工艺或者新构件，生产者往往无法预见到可能会发生的问题。这时候如果邀请有经验的专家进行培训或辅导，就可以在很大程度上预防并避免问题的发生。

6. 不要依赖于工人的自觉性，而要依靠责任流程

很多企业经常开会，强调各种注意事项或责任心，但这种责任心往往流于形式，起不到实际的作用。如果把关注点转移的做事的责任流程上来，选好胜任工作的人、明确责任规章制度，往往能收到更好的效果。

1.4 解决已出现问题的思路与原则

即便是再优秀的工厂，也不可能一点问题不出。一旦出现问题，应该有预案进行排查和解决，可参考以下思路和原则：

1. 不能放过问题

对于技术和管理人员来说，保持对问题的敏感性非常重要，特别是对问题的苗头、隐患应敏感，一旦发现问题，必须引起足够的重视，坚决不能放过。

2. 不能隐瞒问题

隐瞒问题是一种典型的自欺欺人的态度。通常问题出现的初期就是解决问题的最佳时机，一旦隐瞒问题错过最佳时机，这种问题很可能会扩大化、复杂化而更加难于解决。

3. 不能将就问题

对于小问题，也不能将就，不能草草处理了事，以免小问题变成大问题，损失扩大。

4. 对于构件出现质量问题，不能轻易报废

对于预制构件来说，除了混凝土强度不够等涉及结构安全的质量问题外，其他大部分的问题都是可修的。普通的可通过厂内专题会议，召集生产、技术、质量等人员集思广益进行解决；严重的可邀请内行和专家帮助诊断并给出修复方案或处理意见。

5. 对于管理问题，不能寄希望于"能人"，而应寄希望于好的制度

在构件工厂内部，技术比硬件重要，管理比技术重要。管理的问题可以向外部取经，比如借鉴同行管理经验，通过引入 ISO 质量管理体系，或者引入信息化辅助管理手段等协助解决。

另外，在发现管理问题时，不能总是寄希望于"能人"，而应依靠好的运行模式、运营制度。把每次解决问题的思路和流程记录下来，变成企业工作流程的一部分，才能够使企业一步步发展，逐步减少问题的再发生。

第2章
预制构件制作简介

本章提要

在具体分析预制构件制作各个环节存在问题之前，本章简要介绍装配式混凝土建筑预制构件制作的基本知识，包括预制构件类型、预制构件制作工艺、预制构件与制作工艺的对应关系、参与协同设计和图纸会审的重要性、生产管理要点、技术管理要点、管理与技术岗位和主要技术工种、重要的操作规程和岗位标准清单等。

2.1 预制构件类型

混凝土预制构件类型多达上百种，常用构件也有几十种。这些构件可归为 6 大类，即：楼梯、楼板、剪力墙结构的墙板、框架结构的柱梁及剪力墙结构的连梁、外挂墙板和其他预制构件。

2.1.1 楼梯

预制楼梯是最常用的也是性价比较高的预制构件之一（图 2-1）。制作楼梯时一般使用独立模具，有立模和平模两种，在预制工厂或者工地现场均能方便生产。如果使用立模制作工艺，应该注意分层振捣，以免出现气泡等缺陷；如果使用平模制作工艺，应该注意成型后的收水和压光，以免构件表面出现凸凹不平的状况。

▲ 图 2-1 不带缓步台的预制楼梯

有的项目一层楼设计为两跑楼梯，中间有缓步台（预制楼梯有不带缓步台和带缓步台两种，如图 2-1 和图 2-2 所示）。有的项目一层楼设计为一跑楼梯，也叫剪刀梯，样式和图2-1类似，只不过楼梯踏步更多、高度更高而已。

2.1.2 楼板

预制楼板包括叠合楼板、实心楼板、预应力空心楼板、预应力肋板和预应力双 T 板等。

1. 叠合楼板

叠合楼板是由预制底板和后浇混凝土层叠合而成的装配整体式楼板,见图 2-3~图 2-5。

叠合楼板的预制底板用作后浇混凝土层的底模,所以不必再为后浇层支撑模板。叠合楼板底面应光滑平整,板缝经处理后,顶棚可以不再抹灰。

叠合楼板是国内装配式建筑中最为常见的预制构件。叠合楼板的预制底板有不出筋

▲ 图 2-2 带缓步台的预制楼梯

和出筋两种。国外大都不出筋,国内大多出筋,有两端出筋和四边都出筋两种情况。

2. 实心楼板

实心楼板分为单向板、双向板、悬挑板等,见图 2-6。因结构简单,实心楼板特别适用于平面尺寸较小的房间,如厨房、卫生间、公共建筑的走廊等部位。在建筑设计轻量化、绿色化、实用化的发展趋势下,实心楼板逐渐被空心楼板、叠合楼板等取代。

▲ 图 2-3 不出筋的叠合楼板

▲ 图 2-4 两端出筋的叠合楼板

▲ 图 2-5 四边都出筋的叠合楼板

▲ 图 2-6 实心楼板

3. 预应力空心楼板

为提高楼板的承载力、增大跨度并减轻自重，常采用先张法预应力布筋方式，并在混凝土板中部非受力部位用预置芯模减少混凝土用量，用这种组合形式预制加工的楼板称为预应力空心楼板，见图2-7。

预应力空心楼板比普通楼板自重轻，重量约是实心楼板的一半，但承载力更高，尤其承受动荷载能力更强，常用于工业厂房、桥梁等跨度较大的建筑中。

4. 预应力肋板

为增加预应力板的刚度，要在板的一侧增加一些小梁（肋）。这样配筋后浇筑的钢筋混凝土板，称为预应力肋板，见图2-8。

▲ 图 2-7　预应力空心楼板　　　　　▲ 图 2-8　预应力肋板

预应力肋板在国外应用很多，国内也有应用。

5. 预应力双T板

预应力双T板是板、梁结合的主要受力预制构件，由宽大的面板和两根窄而高的梁（肋）组成，其板面既是横向承重结构，又是纵向承重肋的受压区。

双T板具有良好的结构力学性能，明确的传力层次，简洁的几何形状，是一种可制成大跨度、大覆盖面积的、比较经济的受力预制构件。一般用于大跨度工厂的屋面，见图2-9。

▲ 图 2-9　预应力双T板

2.1.3 剪力墙结构的墙板

剪力墙结构的墙板是建筑结构主体构件，其竖向的连接方式一般采用灌浆套筒连接；横向连接多采用后浇混凝土。相比于楼梯和楼板，剪力墙结构的墙板制作和安装都要复杂得多。

剪力墙板按其构造形式可分为实心墙板（图2-10）、夹芯保温墙板（图2-11）和双面叠合墙板（图2-12）等。

▲ 图 2-10　实心墙板

▲ 图 2-11　夹芯保温墙板

▲ 图 2-12　双面叠合墙板

夹芯保温墙板俗称三明治墙板,是将保温材料夹在两面墙体(内叶板、外叶板)之间形成的一种复合墙体。内叶板和外叶板一般是钢筋混凝土结构,保温板一般用 B_1 或 B_2 级有机材料,连接内叶板和外叶板的拉结件一般用复合材料或不锈钢制成。

双面叠合墙板由两侧预制混凝土板和中间后浇混凝土叠合层组成,具有整体性较好、节省模板和支撑、便于工业化生产及经济性好等优点。

2.1.4　框架结构的柱梁及剪力墙结构的连梁

1. 柱

在装配式混凝土建筑中预制柱主要有以下几种类型:

(1)单层柱

单层柱是指每个楼层一截的柱子,常见的有方柱(图 2-13)和圆柱(图 2-14)等。

(2)越层柱

越层柱就是某一层或几层为了大空间等效果,不设楼板及框架梁,采用穿越两层或多层的单根预制柱。越

▲ 图 2-13　方柱

▲ 图 2-14 圆柱

层柱一般设计成方柱或圆柱。

（3）跨层柱

跨层柱是指穿越两层或两层以上的预制柱，与越层柱的区别是每层都与结构梁板连接。

跨层柱一般设计成方柱或圆柱，见图 2-15 和图 2-16。

跨层柱和越层柱高度尺寸大，在制作和安装时必须制定专项施工方案，以保证其具有合理可靠的脱模、翻转、起吊、安装及临时固定等措施。

▲ 图 2-15 跨层方柱

▲ 图 2-16 跨层圆柱

（4）工业厂房柱

常见的框架型工业厂房柱也称为牛腿柱，为了放置吊车梁等需设置外挑承重模式，又可分为单侧承重和双侧承重两种，见图 2-17 和图 2-18。

▲ 图 2-17 单侧承重式牛腿柱   ▲ 图 2-18 双侧承重式牛腿柱

2. 梁

在装配式混凝土建筑中的预制梁主要包括框架结构的主梁、次梁和剪力墙结构的连梁等，主要有以下几种类型：

（1）普通梁

梁按常规一般设计成矩形梁，见图 2-19。当梁跨度较大、需要控制预制构件自重或增加使用功能及适用性时，可将梁设计成凸形梁、T 形梁、带挑耳梁、工字形梁或 U 形梁等。

（2）叠合梁

叠合梁是分两次浇捣混凝土的梁，见图 2-20。首先在预制工厂做成预制梁，当预制梁在施工现场安装完成后，再浇捣上部的混凝土使其连成整体。

▲ 图 2-19　普通梁（矩形梁）

▲ 图 2-20　叠合梁

（3）凹形槽叠合梁

凹形槽叠合梁（图 2-21）与普通叠合梁相比有两个特点：

1）普通叠合梁上面的纵筋都是在工地现场穿筋，再绑扎，非常麻烦。而凹形槽叠合梁上面的纵筋在工厂已绑扎好，节省了在工地上穿筋绑扎的麻烦。

2）凹形槽叠合梁与普通叠合梁相比多了一个凹形槽的构造，也节省了现场模板的支设。

▲ 图 2-21　凹形槽叠合梁

（4）连体梁

连体梁又称为连筋式叠合梁，是指在预制时将多跨的主梁底部受力筋连接，梁中上部承压区用临时机具固定，在安装完成后与其他构件用现浇混凝土连接的一种梁，见图 2-22。其特点是受力筋无须二次连接，保证了强度，也便于施工。

（5）连梁

连梁一般用于剪力墙结构和框架-剪力墙结构中，连接墙肢与墙肢，在墙肢平面内相连，如图 2-23 所示。

▲ 图 2-22 连体梁

▲ 图 2-23 连梁

3. 梁柱一体

梁柱一体预制构件是指在设计时考虑梁底受力筋在柱梁节点处二次连接过于集中，而将梁与柱整体浇筑成型的预制构件，一般又分为单莲藕梁、双莲藕梁、T 形梁柱和十字形梁柱等。

（1）单莲藕梁（图 2-24）

两段梁与一截柱子整体预制，柱子部分预留钢筋孔，像莲藕一样。连接时，下面柱子伸出的钢筋穿过莲藕梁孔，与上面柱子的钢筋连接在一起。

（2）双莲藕梁（图 2-25）

双莲藕梁就是三段梁与两截柱子的柱身预制成一体化的构件，比单莲藕梁多了一梁一柱。

▲ 图 2-24 单莲藕梁

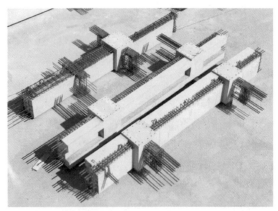

▲ 图 2-25 双莲藕梁

（3）T 形梁柱（图 2-26）

T 形梁柱是单莲藕梁的柱身加长，直接伸出钢筋而没有莲藕孔的一体化预制梁柱。

（4）十字形梁柱（见图 2-27）

十字形梁柱就是一个柱子伸出了四个梁的一体化预制梁柱。

需要注意的是，一般情况下这些梁柱一体构件的柱头部分和梁的部分的混凝土等级要求是不同的，比如柱头的要求是 C50 混凝土，而梁的要求是 C40 混凝土，因此在浇筑时应该格外注意。

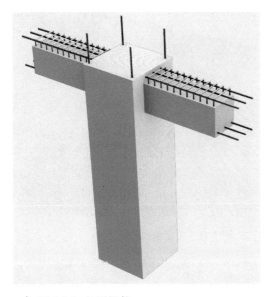

▲ 图 2-26　T 形梁柱

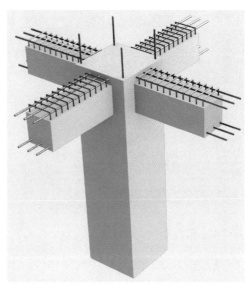

▲ 图 2-27　十字形梁柱

2.1.5　外挂墙板

外挂墙板是用于框架和筒体结构的非结构墙板，一般用螺栓与主体结构连接，可做成装饰一体化板或装饰保温一体化板，如图 2-28 和图 2-29 所示。

▲ 图 2-28　带窗户的外挂墙板

▲ 图 2-29　表面带艺术造型的外挂墙板

2.1.6　其他预制构件

常见的其他预制构件有阳台板、空调板和凸窗（飘窗）等。

阳台板（图 2-30）和空调板（图 2-31）在工厂预制，可以节省工地支模的人工费用、材料费用，安装后通过叠合板现浇部分体系，可以将预制构件与现浇部分连接成一个整体，有效地提高了现场施工效率，保证质量，节约工期。

▲ 图2-30　阳台板

▲ 图2-31　空调板

凸窗（图2-32）作为部品预制构件，其结构同时包含了水平预制构件和竖向预制构件，在安装过程中既要按水平预制构件合理搭设支撑，又要保证水平定位、标高、垂直度以及与预制墙体或现浇墙体的对接。安装时还必须加强对窗体的保护。凸窗在工厂预制，这样可有效提高现场的施工效率，保证质量，节约工期。

▲ 图2-32　凸窗（飘窗）

▌2.2　预制构件制作工艺

预制构件制作工艺通常分为两类：固定式和流动式。其中固定式又包括固定模台工艺、立模工艺和预应力工艺等；流动式包括流动模台工艺和自动流水线工艺等。不同制作工艺的适用范围各有不同。

2.2.1　固定模台工艺

固定模台既可以是一块平整度较高的钢结构平台，也可以是高平整度高强度的水泥基材料平台。固定模台工艺即指以固定模台作为预制构件的底模，在模台上固定预制构件侧模，组合成完整的模具工艺形式（图2-33）。

固定模台工艺的组模、放置钢筋与预埋件、浇筑振捣混凝土、构件养护和拆模一般都在固定的模台上进行。固定模台工艺的模

▲ 图2-33　固定模台工艺

台是固定不动的,作业人员在各个固定模台间"流动"。钢筋骨架用起重机送到各个固定模台处;混凝土用送料车或送料吊斗送到固定模台处,养护蒸汽管道也通到各个固定模台下,预制构件就地养护;预制构件脱模后再用起重机送到存放区。

固定模台工艺是预制构件制作中应用最广的工艺,可制作各种标准化构件、非标准化构件和异形构件(包括柱、梁、叠合梁、后张法预应力梁、叠合楼板、剪力墙板、夹芯保温剪力墙板、外挂墙板、楼梯、阳台板、飘窗、空调板及曲面造型构件等)。

2.2.2 立模工艺

立模是由侧板和独立的底板(没有固定的底模)组成的模具。立模工艺中组模、放置钢筋与预埋件、浇筑振捣混凝土、构件养护和拆模及固定模台一致,只不过产品是立式浇筑成型的。

立模工艺又分为独立立模工艺(图 2-34)和集约式立模工艺(图 2-35)两种。

独立式立模的适用范围较窄,可用于柱、剪力墙板、楼梯、T 形板和 L 形板的制作。

▲ 图 2-34 独立立模——楼梯模具　　▲ 图 2-35 集约式立模(内墙板)

2.2.3 预应力工艺

预应力工艺有先张法和后张法两种,预制构件制作采用先张法工艺(图 2-36)的较多,先张法预应力预制构件生产时,首先将预应力钢筋按规定在模台上铺设并张拉至初应力后进行钢筋作业,完成后整体张拉到规定的张力,然后浇筑混凝土成型或者挤压混凝土成型,混凝土经过养护,达到放张强度后拆卸边模和肋模,放张并切断预应力钢筋,切割预应力楼板。先张法预应力混凝土具有生产工艺简单、生产效率高、质量易控制、成本较低等特点。除钢筋张拉和楼板切

▲ 图 2-36 预应力工艺

割外，其他工艺环节与固定模台工艺接近。

预应力工艺主要适用于有预应力这种特殊要求的预制构件，适用范围窄、产品比较单一，多用于预应力普通楼板和空心楼板等。

2.2.4 流动模台工艺

流动模台工艺（图 2-37）是将标准订制的模台放置在滚轴或轨道上，使其能在各个工位循环流转。首先在组模区组模；然后移动到放置钢筋骨架和预埋件的作业区段，进行钢筋骨架和预埋件入模作业；再移动到浇筑振捣平台上进行混凝土浇筑；完成浇筑后模台下的平台震动，对混凝土进行振捣；之后，模台移动到养护窑进行预制构件养护；构件养护结束出窑后移到脱模区脱模，进行必要的修补作业后将构件运送到存放区存放。

▲ 图 2-37　流动模台工艺

流动模台工艺与固定模台工艺相比较适用范围窄、通用性低，可制作非预应力的标准化板类预制构件，包括叠合楼板、剪力墙外墙板、剪力墙内墙板、夹芯保温剪力墙板、外挂墙板、双面叠合剪力墙板和内隔墙板等。

2.2.5 自动流水线工艺

自动流水线工艺就是高度自动化的流水线工艺，可分为全自动流水线工艺（混凝土自动成型和钢筋自动加工）及半自动流水线工艺（混凝土自动成型和钢筋非自动加工）两种。

全自动流水线通过电脑编程软件控制，将混凝土成型流水线设备（图 2-38）和自动钢筋加工流水线设备（图 2-39）两部分自动衔接起来，能根据图纸信息及工艺要求操纵系统自动完成模板自动清理、机械手画线、机械手组模、脱模剂自动喷涂、钢筋自动加工、钢筋机械手入模、混凝土自动浇筑、机械自动振捣、电脑控制自动养护、翻转机、机械手抓取边模入库等全部工序。

▲ 图 2-38　全自动流水线设备

▲ 图 2-39　全自动钢筋加工设备

与全自动流水线相比，半自动流水线仅包括了混凝土成型设备，不包括全自动钢筋加工设备。

全自动流水线在欧洲、南亚、中东等一些国家应用得较多，一般用来生产叠合楼板和双面叠合墙板以及不出筋的实心墙板。法国巴黎和德国慕尼黑各有一家预制构件工厂，采用智能化的全自动流水线，能年产 110 万 m² 叠合楼板和双层叠合墙板，而流水线上只有 6 个工人。

除了价格昂贵之外，限制国内自动流水线使用的主要原因是自动流水线的适用范围非常窄，主要适合标准化的没有伸出钢筋的墙板或叠合楼板等板式构件。而在我国现行装配式混凝土建筑标准和规范的约束下，目前几乎没有完全适合自动流水线的预制构件。

2.2.6　钢筋加工工艺

按加工方式的不同，钢筋加工设备一般可分为两类，一类是全自动化加工设备（图2-39），一类是常规的半自动/手动加工设备（图 2-40）。自动化能够加工的钢筋单件半成品较多，但目前国内加工钢筋骨架主要还是由手工作业完成的。

▲ 图 2-40　普通钢筋切断机

常用的半自动/手动加工设备有自动化网片加工设备、自动化桁架筋加工设备、自动化钢筋调直、剪裁设备、切断机、大直径钢筋数控弯曲机、全自动箍筋加工机、钢筋调直切断机、弯曲机、弯箍机、数控调直弯箍一体机、电焊机及套丝机等。

2.3　预制构件与制作工艺的对应关系

不同的制作工艺适用的预制构件范围各有不同，其优缺点、性价比以及在国内的普及程度也各有不同。图 2-41 给出了不同制作工艺之间的包含关系，表 2-1 则给出了预制构件与制作工艺的对应关系。

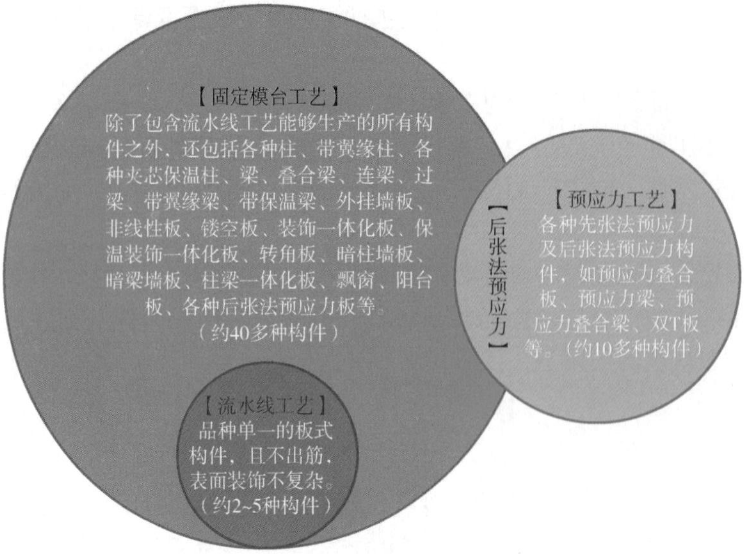

▲ 图 2-41　制作工艺对应常用预制构件适用范围

表 2-1　预制构件与制作工艺的对应关系

制作工艺	可制作构件的范围	优点	缺点	性价比	国内使用普遍程度
固定模台工艺	梁、叠合梁、莲藕梁、柱梁一体、柱、楼板；叠合楼板、内墙板、外墙板、折板、曲面板、楼梯板、阳台板、飘窗、三明治墙板、各种异形构件等	投资少、见效快、适宜产品丰富、灵活	占地面积大（比流动模台大30%左右）、人工用量多、养护耗能高	最高	普遍使用
立模工艺	内墙板、材料单一的墙板、柱、楼梯板	占地面积小、产品两面光、降低模具成本、不用翻转环节	适用范围小	较低	较少使用
流动模台工艺	叠合楼板、内隔墙板、剪力墙板、三明治墙板、装饰一体化板	解决了集中养护，人员岗位固定，降低人员劳动强度，单一产品产量高，方便管理，产能高	适宜范围窄、用工多、效率低、占地多、钢筋需要人工加工	适中	较多使用
自动流水线工艺	叠合楼板、内隔墙板、双层叠合墙板	自动化程度高、产量高、用工少、智能化制造	使用范围太窄、造价高、投资回报周期长	较低	较少使用
预应力工艺	单独适应于预应力产品	一般用于有预应力要求的大跨度普通楼板、空心楼板等	仅适用于预应力产品，局限性较大	较高	专用工艺

2.4　参与协同设计和图纸会审的重要性

2.4.1　参与协同设计的重要性

参与协同设计是指预制构件工厂的技术人员与设计单位的设计人员进行沟通互动，主动向设计人员提出制作环节对设计的要求和约束条件。

1. 协同设计的主要内容

（1）预制工艺与条件对预制构件形状、尺寸、重量的限制

（2）运输条件对预制构件形状、尺寸、重量的限制

（3）制作过程需要的吊点（包括脱模、翻转、吊运吊点）和预埋件的设计协同

（4）预制构件内钢筋、套筒、箍筋的拥堵对混凝土浇筑的影响

（5）预制构件存放、运输方式与支垫要求

2. 预制构件工厂参与协同设计的重要性

预制构件工厂参与协同设计非常重要，因为：

（1）约束条件的限制

装配式建筑的实施和效果实现受到环境、制作、运输和安装条件的约束，必须详细了解这些限制约束条件，才能做出能相对容易实现的设计。

（2）集成的需要

装配式建筑需要进行各个系统和不同系统的集成设计，如此则需要各个专业的密切协同以及设计与制作工厂的密切协同。

（3）不准砸墙凿洞，不宜采用后锚固方式

装配式混凝土建筑禁止在预制构件上砸墙凿洞，原则上不得采用后锚固方式（后锚固方式打孔时容易把钢筋打断或破坏保护层）。因此，各个专业各个环节的预埋件都必须设计到构件制作图中。

（4）对遗漏和错误宽容度很低

装配式建筑对遗漏和错误宽容度很低。预制构件在工厂制作，一旦到了施工现场才发现问题，就很难补救，会造成重大损失。

2.4.2　图纸会审的重要性

预制构件制作图是工厂制作预制构件的依据。所有拆分后的主体结构构件和非结构构件都需要进行制作图设计。预制构件制作图设计须汇集建筑、结构、装饰、水电暖、设备等各个专业及制作、存放、运输、安装各个环节对预制构件的全部要求，在制作图上无一遗漏地表示出来。

工厂收到预制构件制作图之后应组织技术部、质量部、生产部、物资采购部等相关部门

和人员认真消化和会审预制构件制作图，这一过程称之为图纸会审。

1. 图纸会审的主要内容：

图纸会审的内容主要包括以下几方面：

（1）构件制作的允许误差值。

（2）构件所在位置标识图，如图 2-42 所示。

（3）构件各面命名图，以方便看图（图 2-43），避免出错。

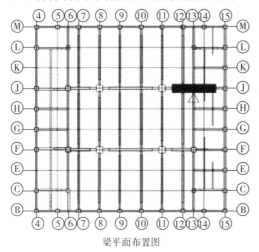

梁平面布置图

▲ 图 2-42 构件位置标识图

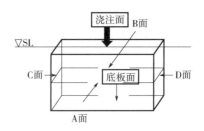

▲ 图 2-43 构件各面视图方向标示

（4）预制构件模具图

1）构件外形、尺寸及允许误差。

2）构件混凝土体积、重量与混凝土强度等级。

3）使用、制作、施工所有阶段需要的预埋螺母、螺栓、吊点等预埋件位置、详图；预埋件编号和预埋件汇总表。

4）预留洞、孔位置、构造详图与衬管要求。

5）粗糙面部位与要求。

6）键槽部位与详图。

7）墙板轻质材料填充构造等。

（5）配筋图

1）套筒或浆锚孔位置、详图及箍筋加密详图。

2）钢筋、套筒、浆锚螺旋约束钢筋、波纹管浆锚孔箍筋的保护层要求。

3）套筒（或浆锚孔）出筋位置、长度和允许误差。

4）预埋件、预留孔及其加固钢筋。

5）钢筋加密区的高度。

6）套筒部位箍筋加工详图，依据套筒半径给出箍筋内侧半径。

7）后浇区机械套筒与伸出钢筋详图。

8）构件中需要锚固的钢筋的锚固详图。

9）各型号钢筋统计汇总表。

（6）夹芯保温墙板内外叶板的拉结件

1）拉结件布置。

2）拉结件埋设详图。

3）拉结件材质及性能要求。

（7）常规预制构件的存放方法，以及特殊构件的存放搁置点和叠放层数的要求。

（8）非结构专业的内容，如与预制构件有关的建筑、水电暖及设备等专业的要求必须一并在预制构件中给出，包括但不限于：

1）门窗安装构造。

2）夹芯保温外墙板保温层构造与细部要求。

3）防水构造。

4）防火构造要求。

5）防雷引下线材质、防锈蚀要求与埋设构造。

6）装饰一体化构造要求，如石材、瓷砖反打构造图。

7）外装幕墙构造。

8）机电设备预埋管线、箱槽及预埋件等。

2. 图纸会审的重要性

图纸会审是预制构件生产制作前的最后一道关口，在构件制作图消化、会审过程中要谨慎核对图纸内容的完整性，对发现的问题要逐条予以记录，并及时和设计、施工、监理、业主等单位沟通解决，经设计和业主单位确认答复后方能开展下一步的工作。

2.5 生产管理要点

预制构件工厂生产管理的主要目的是按照合同约定的交货期交付产品，其管理要点主要包括：

1. 编制生产计划

（1）根据合同约定的目标和施工现场安装顺序与进度要求编制详细的预制构件生产计划。

（2）根据构件生产计划编制模具制作计划。

（3）根据构件生产计划编制材料计划、配件计划、劳保用品和工器具计划。

（4）根据构件生产计划编制劳动力计划。

（5）根据构件生产计划编制设备使用计划。

（6）根据构件生产计划进行场地划分及分配等。

2. 组织计划实施

组织各部门各个环节执行生产计划并予督促检查。

3. 对实际生产进度进行检查、统计、分析

（1）建立统计体系和复核体系，准确掌握实际生产进度。

（2）对生产过程进行预判，预先发现影响计划实现的障碍。

4. 调整、调度和补救

及时解决影响进度的障碍，没有完成的原计划部分应做以下工作：

（1）调整计划。

（2）调动资源，如加班、增加人员、增加模具等。

（3）采取补救措施，如生产线节拍慢，可以增加固定模台，增加临时木模或水泥模等。

2.6　技术管理要点

预制构件工厂技术管理的主要目的是按照设计图纸和行业标准、国家标准的要求，生产出安全可靠、品质优良的构件，其管理要点包括：

（1）根据产品特征确定生产工艺，按照生产工艺编制各环节操作规程。

（2）建立技术与质量管理体系。

（3）制定技术与质量管理流程，进行常态化管理。

（4）全面、深入、细致地研究领会设计图纸和行业标准、国家标准关于制作的要求，制定落实措施。

（5）制定各作业环节和各类构件制作技术方案并进行技术交底，包括但不局限于：

1）套筒灌浆接头抗拉强度试验方案。

2）如果有采用浆锚搭接连接时，对金属波纹管以外的成孔方式制定试验验证方案。

3）夹芯保温板拉结件试验验证的方案。

4）配合比设计。

5）模具制作技术方案。

6）套筒、浆锚孔内模或金属波纹管固定方案。

7）预埋件或预留孔内模固定方案。

8）夹芯保温板拉结件的埋设、构件制作的工序和铺设保温层的工艺方案。

9）机电设备管线、防雷引下线埋置、定位、固定方案。

10）各种构件吊具设计。

11）非流水线生产的构件脱模、翻转及装卸技术方案。

12）叠合楼板的吊点处如果图纸有加强筋设计，制作时要把加强筋加上，并在吊点位置喷漆标识；如果吊点处没有加强筋设计，叠合楼板的生产阶段也应该把吊点位置喷漆标识出来。

13）各种构件场地存放及运输隔垫方案。

14）形成粗糙面的方法设计。

15）装饰一体化构件制作技术方案。

16）新构件、大型构件或特殊构件的制作工艺。

17）敞口构件、L形构件的运输临时加固措施。

18）半成品、产品保护措施。

19）构件编码标识的设计与植入方案等。

（6）其他需要特别关注的环节

1）制定原材料、配件进场验收标准，对进场验收进行管理。

2）制定各个环节质量控制措施、检查标准与检测方案，贯彻落实。

3）制定各环节操作规程，进行培训、落实并检查。

4）制定各技术岗位和作业岗位的岗位标准，进行培训、落实并检查。

5）形成隐蔽工程验收档案并归档管理。

6）形成其他技术档案并归档管理。

2.7　管理与技术岗位和主要技术工种

预制构件工厂应具备保证产品质量要求的生产工艺设施、试验检测条件，并建立完善的质量管理体系和可追溯的质量控制制度，有持证要求的岗位应持证上岗。

1. 需要的管理与技术岗位

厂长、计划统计、人事管理、物资采购管理、技术管理、质量管理、设备管理、安全管理、工艺设计、模具设计、试验室管理等。

2. 需要的技术工种

钢筋工、模具工、浇筑工、修补工、电工、电焊工、吊车工、锅炉工、叉车工等。

3. 需要持证上岗的特殊工种

电工、电焊工、吊车工、叉车工、锅炉工、安全员、实验员等特殊岗位须持证上岗。

2.8　重要的操作规程和岗位标准清单

1. 重要的操作规程清单

预制构件制作环节须编制的操作规程如下：

1）原材料进厂检验操作规程

2）模具、预埋件、灌浆套筒、铝窗、面砖、石材等材料进厂检验操作规程

3）钢筋加工操作规程

4）反打面砖、石材套件制作的操作规程

5）模台清理和模具组装工序操作规程

6）脱模剂喷涂操作规程

7）混凝土搅拌操作规程

8）钢筋骨架入模操作规程

9）浇筑前质量检验操作规程

10）混凝土浇捣操作规程

11）蒸汽养护操作规程

12）构件脱模起吊操作规程

13）构件装卸、驳运操作规程

14）构件清理及修补操作规程

15）混凝土成品存放、搬运操作规程

16）混凝土计量设备操作规程

17）原材料日常检验操作规程

18）混凝土性能检验操作规程

19）品质检查操作规程

20）瓷砖套件制作检查操作规程

21）石材涂刷界面剂和植入石材连接件的操作规程

22）瓷砖铺设、石材模具内铺设操作规程

23）企业内各种工具、设备（包括特种设备）的操作规程等

2. 重要的岗位标准清单

预制构件厂须编制的岗位标准如下：

1）各岗位质量员的岗位标准

2）各岗位技术员的岗位标准

3）拼模工的岗位标准

4）混凝土搅拌的岗位标准

5）钢筋工的岗位标准

6）混凝土浇捣的岗位标准

7）蒸养工人的岗位标准

8）行车工的岗位标准

9）装卸、驳运工的岗位标准

10）外场辅助工的岗位标准

11）修补工的岗位标准

12）试验室各类试验员的岗位标准

13）面砖套件和石材制作工种的岗位标准

14）铺设面砖套件和石材工种的岗位标准

15）企业其他管理和职能部门的岗位标准等，此项不一一列举

第3章
不能按时履约的原因分析与解决办法

本章提要

　　本章分析了不能按时履约的主要原因，并针对这些原因给出了确保按时履约的主要措施，同时针对生产计划中关键环节与关键构件在短期产能不足的救急措施、模具不够的救急措施、场地不足的救急措施、北方冬季生产措施等主要问题进行了较为系统的论述。

3.1　不能按时履约的原因分析

构件厂在生产中不能按时履约的主要原因包括：

1. 签单量超过实际产能

企业在承接新订单之前，应当进行合同评审。合同评审的主要内容之一就是判断己方是否能够按时履约。如果合同评审不认真、流于形式或者根本就没有经过合同评审，对履约难度、己方技术和产能条件定量分析不足，就很可能会导致接单后才发现无法按时履约的困境。

2. 生产计划编制不当

生产计划是保证按时履约的核心，好的计划能使生产顺畅，按时交货。不好的计划则很有可能导致不能按时履约或者为了能按时履约不得不浪费模具、工时等。

3. 关键环节或关键构件出现问题

就像运筹学中的关键路径决定着整个项目的最短时间一样，预制构件中的关键环节或关键构件处理不当也会导致整个项目履约延迟。

4. 短期产能不足

短期产能不足通常是多个订单短期内同时制作，超过生产能力，导致顾此失彼，最终不能按时履约。

5. 模具不够

模具不够包括独立模具、固定模台或流水线上的边模不够，导致不能按时履约。

6. 存放场地不足

存放场地不足会导致车间里面制作好的产品没有地方存放，既影响生产又影响发货，最终导致不能按时履约。

7. 北方冬季生产的限制

北方冬季因天气寒冷，零度以下混凝土无法进行水化反应，需要采取很多额外的措施来保证生产，否则可能导致不能按时履约。

3.2 确保按时履约的主要措施

根据 3.1 节对不能按时履约原因的分析结果可以看出，要确保按时履约，至少要关注并采取以措施：

（1）严格执行合同评审，确保按时履约（详见 3.3 节）。

（2）制定翔实准确的生产计划，并监督实施到位（详见 3.4 节）。

（3）重点关注生产过程中的关键环节与关键构件，防止因个别环节或个别构件影响整个工期（详见 3.5 节）。

（4）提前制定短期产能不足时的应急方案（详见 3.6 节）。

（5）提前制定模具不够时的应急方案（详见 3.7 节）。

（6）提前制定场地不足时的应急方案（详见 3.8 节）。

（7）提前制定北方冬季生产的保障措施（详见 3.9 节）。

3.3 合同评审要点

1. 合同评审的重要性

合同评审是经营活动中最重要的工作之一，通常应由总经理亲自组织，并由销售部、行政部、技术部和工厂的相关人员参与。

合同评审的内容一般包括标的确认、技术条件、质量要求、履约期限、价格分析、回款风险评估、客户资信调查、合同文本评审等内容。本节只讨论合同评审中的履约期限这一部分，并给出这一部分的评审要点。

2. 履约期限短可能造成的风险和损失

履约期限（对于供货合同为供货期限，对于工程合同为工期）是合同中最重要的条款之一，也是履约的关键要素之一。因此，在签约时要格外注意。

履约期限短，极有可能造成以下风险和损失：

（1）无法按期履约，使公司信誉受损，客户不满，回款难，公司利益受损。

（2）虽能按期履约，但无法保证质量（有时构件养护不足就被迫出厂，有的产品抢工期干得太粗导致各种质量缺陷），使公司信誉受损，客户不满，回款难，公司利益受损。

（3）虽能按期履约，也保证了质量，但多开了不少模具，加了不少班，或临时招募工人增加了人工费与工具费，或挤占了其他项目的履约期限。由此，增加了履约成本，降低了项目收益，造成了损失。

（4）在合同付款条件不理想的情况下，如客户不给定金、预付款，或者给得很少，如果合同期限短，风险就非常大。

3. 没有合理的工期就没法保证质量

每一个客户都会要求尽可能短的供货期，许多客户谈了几个月不着急，一旦签约就急着要货。对待这种客户，应该在跟踪与谈判的初期就反复向其宣传"没有合理的工期就没法保证质量"这一要点，指出"我们公司非常看重质量，但精品是要有时间作为保证的""最起码构件要有充足的养护时间""不要为了抢几天十几天的工期影响产品几年几十年的质量"等。其实，在大多数情况下，只要努力争取，耐心把道理讲清楚，多会得到对方的理解和认可。在履约期限这个问题上，哪怕是多三天五天也要全力去争。

4. 定量分析、书面传达

一个项目究竟需要多长时间的供货期，业务人员绝不能自己想当然，也不能根据以往的经验大致估摸，一定要进行细致的合同评审。

要把合同的明细表和非标准构件的图纸与技术要求传给工厂，让工厂定量地计算后给予书面确认。绝不可以打个电话"喂，某厂长，有个几百万的活，多少天能干完？"就算评审了。合同评审必须定量，书面传送。

现在越来越多的单位都采用微信进行沟通，微信可作为书面传达的渠道，既可及时沟通避免误解，又能留存备查，是值得推广的沟通方式。

5. 认真计算、数字说话

工厂对按期履约的合同评审一定要根据预制构件型号、规格、数量与技术要求，根据工厂的劳动力情况、模具情况和几个项目同时履约的情况进行认真详细的计算，并给出：

（1）理想供货期，即工厂最希望的供货期。

（2）确保供货期，即通过加班等措施能实现的供货期。

（3）有条件供货期，即通过增加模具投入成本、临时增加人力可实现的供货期。同时要计算出增加成本与费用的具体数额，并填入合同评审表中。比如某项订单经过计算其理想供货期为 25d，确保供货期为 20d，而在满足临时增加 3 个钢筋工，5 个制作工并多开 8 套模具的条件后，其有条件供货期为 15d，但要额外增加费用 1.8 万元。

（4）如果受工厂条件所限，计算得出的供货期远远超出客户的预期，根本无法达到客户的要求，也应跟客户讲明原因，放弃签约。笔者曾遇到过一个项目，3 栋 6 层的政府公建楼，框架结构，本来不适合做装配式，但因为政府强制要求做了预制叠合楼板，项目总量为 1000m³ 左右，对于一个年产 6 万 m³ 的中等构件厂来说应该可以轻松应对。但经过合同评审后，发现经过深化设计后叠合楼板的尺寸类型超过了 400 种，客户又坚持 3 栋楼同时交货，这样就需要至少 200 个标准模台同时为这个项目服务才可以，而当时工厂能够空出的标准模台不足 50 个，这样一来，看似很小的一个项目对于一个中型构件厂来说却变成了一个不可能按期履约的项目。最终我们跟客户讲明了原因，放弃了签约，并推荐了另外一家有足够空余模台的新建构件厂来承接了该项目。

6. 心中有底、从容签约

通过对以上的关于履约期限的合同评审要点分析后，业务人员对要签约的项目的履约情况已经有了全面的了解。在这种情况下，业务人员要尽力争取以理想供货期签约或者至少以确保供货期签约。只有在极特殊情况下，才以有条件供货期签约，且须对方同意增加赶工费，协调好履约力量后再签约。

另外，对于超过产能极限（含可临时增加的产能）的订单，一定要跟客户说明情况，果断放弃。只有这样，才能避免误签一个根本无法按时履约的项目。

3.4　生产计划的编制内容、深度与实施要点

经过合同评审后顺利签约的订单应当在第一时间进入预制构件厂的工作流程。为了能够按时履约，预制构件厂的首要任务就是要编制一个详细定量的生产计划，这是确保按时履约最核心、最重要的保障。

1. 生产计划的编制依据

（1）依据设计图纸汇总的构件清单。

（2）依据合同约定的交货期。

（3）依据合同的附件，构件施工现场的施工计划（落实到日）。

2. 生产计划的编制要求

（1）保证按时交付。

（2）要有确保产品质量的生产时间，还要留有3d左右的富余量，坚决不能以长期满负荷的加班加点作为制定计划的依据。

（3）编制计划要尽可能地降低生产成本。

（4）尽可能做到生产均衡。

（5）生产计划要详细，一定要落实到每一天、每个构件。

（6）生产计划要定量。

（7）生产计划要找出制约计划顺利实施的关键因素，重点标识清楚。

3. 编制生产计划时应考虑的主要影响因素

（1）设备与设施的生产能力。

（2）劳动力资源的准备。

（3）生产场地和存放场地。

（4）制作过程中的关键节点及关键构件。

（5）原材料或外协配件的供货时间。

（6）模具、工具及设备的影响。

（7）生产技术能力的影响。

4. 生产计划的编制内容和深度

生产计划可分为总计划和分项计划两个部分：

（1）总计划

总计划应当包含年度计划、月计划、周计划，其编制的内容和深度主要包括以下方面：

1）设计交底及图纸会审的时间。

2）模具加工周期。

3）原材料进厂时间。

4）试生产（人员培训、首件检验）时间。

5）正式生产时间。

6）第一批构件出货时间。

7）每一层构件生产时间。

表 3-1 给出了某预制构件的生产总计划，以供读者参考。

表 3-2 给出了某工程预制构件的生产总计划，以供读者参考。

表 3-1　某预制构件的生产总计划

序号	项目	3月份			4月份			5月份		
		1~10	11~20	21~31	1~10	11~20	21~30	1~10	11~20	21~31
1	制作图	3月1号结束								
2	模具加工	模具3月18号到第一批，4月07号全部到齐			清明节休假3天			五一劳动节休假3天		
3	原材料进厂	3月5号开始采购原材料，陆续进厂								
4	试生产			25号开始试生产						
5	正式生产				4月1号开始正式生产，8月20日生产结束。					
6	出货							4月21号开始出货吊装，5月31号出最后一批货		
7	4层构件									
8	5层构件									
9	6层构件									
10	7层构件									
11	8层构件									
12	9层构件									
13	10层构件									
14	11层构件									

表 3-2　某工程预制构件进度总计划

项目	制作与供货进度														
	4月			5月			6月			7月			8月		
	上旬	中旬	下旬	上旬	中旬	下旬	上旬	中旬	下旬	上旬	中旬	下旬	上旬	中旬	下旬
第20层构件														生产	发货
第19层构件														生产	发货
第18层构件											生产	发货			
第17层构件											生产	发货			
第16层构件										生产	发货				
第15层构件											生产	发货			
第14层构件									生产	发货					

（续）

项目	制作与供货进度														
	4月			5月			6月			7月			8月		
	上旬	中旬	下旬	上旬	中旬	下旬	上旬	中旬	下旬	上旬	中旬	下旬	上旬	中旬	下旬
第13层构件											生产	发货			
第12层构件										生产	发货				
第11层构件										生产	发货				
第10层构件									生产	发货					
第9层构件									生产	发货					
第8层构件								生产	发货						
第7层构件								生产	发货						
第6层构件							生产	发货							
第5层构件							生产	发货							
第4层构件						生产	发货								
第3层构件						生产	发货								
第2层构件					生产	发货									
第1层构件					生产	发货									
图纸会审和技术准备															
模具制作															
原材料准备															
机具设施准备															
套筒强度试验															
首件检验															

（2）分计划

分计划要根据总计划落实到天、落实到件、落实到模具、落实到人员。分计划的编制内容和深度主要包含以下项目：

1）编制模具计划，组织模具设计与制作，最重要的使用要确定模具数量、模具完成时间、模具加工方式等几方面内容。

首先要根据构件生产周期、标准模台数量、构件生产数量、构件交货工期等因素确定出所需的模具数量。

然后根据模具制作时间、模具运输时间、模具到厂组装和调试时间、首件检验时间等确定出模具的具体完成时间。

最后根据具体构件和制作工艺选择模具的加工方式，一般来说：

①固定模台及流水线上的模台应当由专业的钢结构或者模具厂家加工。

②固定模台及流水线上的边模可以选择模具厂家或者工厂附近的钢结构厂家加工。

③柱、梁等复杂构件宜选择有加工能力和有加工经验的模具厂家加工。

④构件简单、尺寸精度要求不高，工厂可以通过改造以前的模具来完成。

⑤特殊材质的模具例如水泥模具、EPS苯板填充模具，工厂可以自己加工。

⑥异形构件模具或者有雕刻要求且尺寸精度高的模具，可以通过数控雕刻机来完成。

2）编制材料计划，选用和组织材料进厂并检验。

预制构件生产需要的很多材料、配件是需要外委加工的，有的配件甚至需要外地的工厂来加工，如果不能及时到货就会影响生产。所以材料、配件、工具计划必须详细，不能有遗漏。计划中要充分考虑加工周期、运输时间、到货时间，以确保不因为材料没到而影响整个工期，编制材料计划时主要考虑以下要点：

①主要依据为图纸、技术要求和生产总计划。

②要全面覆盖不能遗漏，清单要详细，哪怕再小的一个螺母都要列入清单内。

③计划要根据实际应用时间节点提前 1~2d 到厂。

④外地材料要考虑运输时间，及突发事件的发生，要有富余量。

⑤外委加工的材料一定要核实清楚发货、运输及到货时间。

⑥要考虑库存量。

⑦试验及检验验收时间。

表 3-3 给出了材料、配件计划表以供读者参考。

表 3-3　材料、配件计划表

序号	材料名称	规格型号	单位	需求数量	第一批数量	第一批到货时间	第二批数量	第二批到货时间	产地
1	灌浆套筒	CT25	个	800	400	8 月 10 日	400	9 月 10 日	沈阳
2	预埋螺栓	M32×150	个	1000	600	8 月 10 日	400	9 月 10 日	沈阳
3	预埋线盒	H120	个	600	300	8 月 10 日	300	9 月 10 日	沈阳
4	……	……	…	……	……	……	……	……	……

3）编制劳动力计划，根据生产均衡或流水线合理流速安排各个环节的劳动力。

预制构件虽然是工厂化生产，但它是依据项目订单生产的，而且每个项目订单的品种、规格、型号都不一样。又不能为了均衡生产提前生产一些产品作为库存，到时间再发货。所以预制构件工厂不能均衡生产是常态现象，有时候订单多，生产比较忙，劳动力不够用；有时候订单少，劳动力出现过剩。所以预制构件工厂劳动力组织是一件比较难的事情。

劳动力计划应当从需求和供给两个方面来考虑。

首先根据生产总计划列出需求计划，哪些环节需要劳动力？需要多少劳动力？什么时间需要？

然后从供给方面分析如何解决劳动力：

①自身挖潜，通过加班、加点的形式。

②通过劳务外包，工厂要有这种资源，作为应对生产旺季的预案。

③通过再招聘新人或者临时工，让技术骨干员工手把手培训，让新员工从事技术含量低

的工作。

表 3-4 给出了劳动力计划配置表供读者参考。

表 3-4　劳动力计划配置表

| 序号 | 作业环节 | 计划用工量 | 用工时间段 | 现有劳动力能否满足 | | | 备注 |
				能	否	解决方案	
1	模具组装	10 人	7 月 10 日—10 月 10 日	√			
2	钢筋骨架组装	15 人	7 月 10 日—10 月 10 日		○	加班加点	
3	混凝土浇筑	15 人	7 月 10 日—10 月 10 日		○	劳务外包	提前联系
4	构件脱模	6 人	7 月 10 日—10 月 10 日		○	临时工	加强培训
5	构件修补	6 人	7 月 10 日—10 月 10 日		○	劳务外包	提前联系
6	装车发货	4 人	7 月 10 日—10 月 10 日		○	临时工	加强培训

4）编制设备、工具计划。

预制构件常用设备有流水线设备、起重设备、钢筋加工设备、混凝土搅拌站以及非常规使用的辅助设备。编制设备使用计划时要充分考虑到设备的加工能力，以及出现故障时对工期带来的影响，要有应急预案来保障交货期。表 3-5 给出了编制常用设备、工具计划时应考虑的内容，供读者参考。

表 3-5　编制常用设备、工具计划时应考虑的内容

序号	设备名称	编制计划时应考虑的内容
1	流水线设备	（1）生产能力与设备能力是否匹配 （2）要考虑设备检修、故障等因素，根据以往的情况进行评估 （3）日常维护保养时间也要计算进去 （4）设备操作人员也要考虑，防止请假等突发事件时没有人操作设备
2	起重设备	（1）定量计算出每天需要转运的材料及构件，合理安排起重机使用时间 （2）起重机不够用时，可以补充叉车、小型起重机等方式 （3）场地门式起重机不够用，临时租用汽车式起重机 （4）日常维护保养时间也要计算进去 （5）设备操作人员也要考虑，防止请假等突发事件没有人操作设备
3	钢筋加工设备	（1）生产能力与设备加工能力的匹配 （2）外委加工钢筋的作业，如：钢筋桁架、钢筋网片、箍筋 （3）考虑故障发生所带来的影响 （4）日常维护保养时间也要计算进去
4	混凝土搅拌站设备	（1）生产能力与设备加工能力的匹配 （2）搅拌主机出现故障带来的影响 （3）日常维护保养 （4）采购商品混凝土应急
5	非常规设备	（1）特殊构件翻转需要用到的设备 （2）特大型构件运输设备 （3）订单量大、蒸汽设备不够用时，启用临时小型蒸汽锅炉

5. 生产计划的实施要点

（1）制定好的生产计划一定要先与各个相关部门交底，并保障该计划所需的各项资源合理配置，以便各个部门切实地执行生产计划。

（2）建立生产统计体系和复核体系，对实际生产进度进行检查、统计、分析，并及时反馈，以便准确掌握实际生产进度。

（3）对生产进程进行预判，预先发现影响计划实现的障碍并及时排除。对于没有按时完成计划部分应通过调整计划或者调动资源（如加班、增加人员、增加模具等）或者采取补救措施（如生产线节拍慢，可以增加固定模台，增加临时木模或水泥模等）。

（4）制定应急处理方案（如搅拌站故障的应急处理方案可以是临时购买商品混凝土；临时停电的应急方案是提前准备一台小型发电机以提供基本临时供电等）。

3.5　须重点关注的关键环节与关键构件

实际生产制作过程中，总会有一些关键环节或关键构件成为质量和工期的瓶颈，重点关注这些关键环节或关键构件，避免其出现问题，是保障按时履约的重要措施之一。

1. 须重点关注的关键环节

（1）生产线工艺是按节拍生产的，比如每 10min 出一块叠合板，各个环节的作业都要在 10min 内完成。流畅的生产线效率较高，但一旦生产线中的某一个环节发生停滞，比如钢筋没有绑完或者隐蔽工程验收不合格等，就会导致整条生产线的节奏变慢。针对这种情况，生产线管理者一定要事先制定好疏导应急措施，比如临时移除有问题的工位，或者临时调用劳动力抢工等。

（2）固定模台工艺中组装模具和拆卸模具都是人工完成的，这两个工序的效率和质量都是影响制作时间的关键环节，一般可采用购买或者自制工具来协助工人组装和拆卸，以提高效率。

（3）与生产线工艺中集中在某一个或者某几个工位进行钢筋作业不同，固定模台工艺的钢筋作业是分布在所有固定模台上的，一个中型构件工厂的固定模台通常有几十个甚至上百个，这时就应该重点关注钢筋骨架的吊运环节，避免因运输冲突、路线重叠等影响生产进度。一般的解决措施有将固定模台合理分区、事先规划好运输路线、采用专用设施运输钢筋骨架提高运输效率等。

（4）无论是哪种生产工艺，钢筋入模绑扎这一工序通常都是最耗时间的，因而也是制约生产效率的关键环节，控制这个环节的时间是确保生产顺畅的重要措施之一。

（5）无论是哪种生产工艺，隐蔽工程的验收检查都是需要重点关注的关键环节，一般应制定隐蔽工程验收记录表，避免检查遗漏或者检查流于形式，验收时间应提前通知驻厂监理。

2. 须重点关注的关键构件

如果一个工程中包含有石材反打或瓷砖反打构件、夹芯保温板、飘窗、莲藕梁等其他复杂构件，或之前从来没有制作过的新构件，通常都是制作过程中的重点和难点，应重点关注。

对于包含有以上关键构件的工程，在初期编制生产计划时就应该考虑到制作上的难度，除了应比普通构件预留有更多的工时富余量外，还应专门编制生产保障方案，甚至委派专人进行协调管理。

（1）对于石材反打或瓷砖反打构件，应特别注意在饰面铺装、钢筋骨架入模、混凝土振捣等工序中避免损坏、污染石材饰面或者瓷砖饰面，详见本书第 15 章内容。

（2）对于夹芯保温板构件，建议采用二次浇筑而不是一次浇筑法制作，同时应确保拉结件的可靠性，详见本书第 17 章内容。

（3）对于飘窗构件，应重点关注门窗与混凝土之间的可靠连接，杜绝门窗周边出现渗漏现象。

（4）对于莲藕梁构件，因其是柱子和梁的复合体，应特别注意柱子部分的混凝土强度等级和梁的混凝土强度等级是否相同，如果不同，应分别浇筑。

（5）对于其他复杂构件或者本厂从未做过的新构件，应事先专题研究技术细节及制作方案，必要时应配以试验、试做样品等方式确保制作工艺可行有效。

3.6 短期产能不足的应急措施

构件厂经常会遇到这样一种情况，平时活不多，也不忙，可订单一旦下来甲方就着急要货，如果短期内多个订单同时要货，制作时间就会发生冲突，出现短期产能不足的情况。

短期产能不足的应急措施主要是通过增加临时的生产设施，特别是增加关键环节的生产设施来迅速提高产能，如：

（1）搅拌站容量不够时，可通过临时购买商品混凝土来解决。需要注意的是，购买商品混凝土一定要由构件厂提供配方和技术参数，尤其要注意坍落度这一指标，因为商品混凝土的坍落度的指标通常都比较大，不太适合构件生产的要求。

（2）模具不够的应急措施详见第 3.7 节。

（3）场地不足的应急措施详见第 3.8 节。

（4）北方冬季生产的保障措施详见第 3.9 节。

3.7 模具不够的应急措施

预制构件厂常用的模具主要有底模（标准模台）、边模和独立模具几种。其中底模虽然也称为模具，但因其价值较高，寿命很长，重复使用几年都没有问题，所以在实际生产管理过程中，更多地是把它归类为设备而不是模具。本章讨论的模具也不包括这种底模（标准模台），只考虑边模和独立模具。

1. 改用现有钢模具

预制构件厂常用的模具都是钢制的，其优点是稳定不变形，可重复利用次数高，但缺点也较为明显，主要表现在制作工期较长，成本摊销较高，尤其是在短期模具不够的情况下，这两个缺点就更为明显。所以本节讨论短期模具不够的应急措施中不包括重新制作全新的钢制模具，而首先考虑现有钢制模具是否可以经过小幅修改而变成应急的新模具。

例如一个项目中模具 A 的计划重复次数是 29 次，模具 B 的计划重复次数是 5 次，两个模具又很类似，那么当模具 A 不够时，就可以考虑将模具 B 稍加修改后变成模具 A 进行使用。类似地，如果构件厂设有模具库，也可以从以往用过的，存在模具库里的类似模具 A 的模具 C 稍加修改后变成模具 A 使用。

2. 可迅速投入使用的其他材质模具

可迅速投入使用的其他材质模具主要有木制模具、混凝土模具、混凝土-木制复合模具、GRC 模具及苯板模具等。

（1）木制模具

木制模具加工起来非常简单，造型简单的木制模具基本上可以实现当天加工当天使用，是短期模具不够时的最佳应急措施，图 3-1 就是一个木制模具。

需要说明的是，木制模具的可重复利用次数较少，一般能用 5 次左右。延长木模具周转次数的方法有两个，一个是在模具表面涂刷防湿的树脂层；二是在构件充分静停之后，蒸汽养护之前先把模具拆掉，以避免因蒸汽养护给木制模具造成的损坏。

（2）混凝土模具

预制构件工厂最不缺的就是混凝土，所以就地取材使用混凝土是比较有效的应对模具不足的好办法。

一般可以先使用木材制作模型，然后再制作混凝土模具，见图 3-2。

因为混凝土模具需要多一次翻制，所以制作周期比木制模具稍长。但混凝土模具的重复次数比木制模具要长，至少可以使用 10 次以上。

和钢制模具相比，混凝土模具比较笨重，组装和拆卸都比较麻烦，尺寸精度须用心控制。

（3）混凝土-木制复合模具

▲ 图 3-1　木制模具

▲ 图 3-2　混凝土材质的楼梯模具

对于一些重复次数非常少（如只重复 1~2 次）却又较为复杂的构件，可以考虑使用混凝土-木制复合模具，见图 3-3。

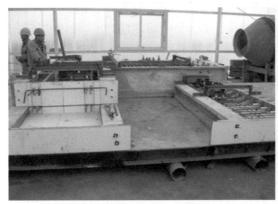

▲ 图 3-3　混凝土复合模具及使用该模具生产出来的异形构件

（4）GRC 模具

GRC 是指玻璃纤维增强混凝土，与钢筋混凝土相比，其主要特点是用耐碱玻璃纤维代替钢筋，并去掉碎石等大颗粒骨料，所以可以做得很薄（10~15mm），但又具有一定的强度和韧性，如果使用快硬水泥的话普通构件的制作周期又可缩短到 1d 以内，因此可作为普通混凝土模具的升级版。但其制作方式一般为喷射法，需要整套的专业喷射设备以及专业人员进行操作，一般普通预制构件工厂并无此配置。

（5）苯板模具

对于一些周转次数非常少的项目，也可以使用苯板作为一次性模具，如图 3-4 所示。

使用苯板模具时应注意以下几点：

1）要选用容重较大的苯板，一般最低容重应控制在 18kg 以上。

▲ 图 3-4　使用苯板模具制作叠合板

2）苯板模具与钢平台的固定一般使用模板胶进行粘接。

3）模具的宽度应该控制在 300mm 以上。

3.8　场地不足的应急措施

普通预制构件厂经常会遇到存放场地不足的问题。如何在有限的场地内存放更多的构件，几乎是每家构件厂不得不面对的难题之一。

（1）可以利用增加存放层数的方式来临时救急。

　　国家标准建议的存放层数不宜多于 6 层，但这样的规定大多是源于经验的积累并且是基于常规垫方的基础上。在场地紧张时，完全可以通过结构计算，在增加垫方面积、提高垫方质量上做文章，在保证质量的前提下利用增加存放层数的方式救急。

　　（2）如果原场地为非硬化场地，那么将其变成硬化场地后应该能多放一些构件。

　　（3）通过电脑模拟计算，优化布置场地，能够节省一部分存放空间。

　　（4）通过和客户沟通，看看能否在工地寻找出部分场地来临时存放构件，这也是一种简单有效的应急措施。

　　（5）条件允许的地方，可以考虑对叠合板等占地比较大的构件增设架空层存放，应该能够成倍增加存放场地。图 3-5 给出了两种架空存放的实例，供参考。

　　　　　　　　a）　　　　　　　　　　　　　　　　　　　b）

▲ 图 3-5　架空存放实例

3.9　北方冬季生产的保障措施

　　北方冬季进行构件生产时，常常会因为温度低而导致混凝土水化反应不足，强度迟迟达不到脱模要求，进而影响工期进度。

　　北方冬季生产的主要保障措施有：

　　（1）提高混凝土强度等级是一个很合算的选择，比起给车间取暖的费用省得多，已经在普遍使用了。

　　（2）使用加热后的水来搅拌混凝土，也是应用较多的保障措施之一。

　　（3）使用一定剂量的早强剂，可以使得混凝土尽快提升早期强度。

　　（4）采用局部保温办法，如在厂房内搭设一个临时的小棚子，在小棚子内采取保温措施后再进行构件生产。

　　（5）采用临时搭建阳光房、塑料大棚等方式，利用太阳能进行取暖。

　　（6）采用蔬菜大棚上覆盖的防水棉被（参见图 19-12）对预制构件进行覆盖，以减少蒸汽热量的损失。

　　（7）对于少量小型预制构件，也可以采用包裹电热毯的方式进行养护。

第4章
构件误差大的原因与预防措施

本章提要

构件生产中最重要的环节就是控制产品的误差，本章主要介绍了模具检验、构件表面检验、伸出钢筋定位检验措施、套筒定位及预埋件的定位方式。

4.1 构件误差问题汇总

常见构件误差问题详见表4-1。

表 4-1 常见构件误差问题一览表

序号	误差类别	容易出现问题的方面	具体问题	危害
1	外观尺寸	长、宽、高、对角线、平整度	模具本身尺寸误差大，模具变形，组装模具时没有认真校核，模具连接螺栓没拧紧，模具安装错误，混凝土浇筑时胀模	安装不上、对结构有影响
2	套筒(浆锚孔)位置	预埋位置、预埋角度	与模具连接没有紧固，模具定位孔不准，套筒安装位置错误，混凝土振捣时受到扰动，安装不垂直	安装不上、对结构产生严重的安全隐患
3	伸出钢筋位置及长度	伸出位置错误、伸出长度不足、浇筑振捣时钢筋受扰动移位	模具的钢筋孔定位不准，钢筋绑扎错误，伸出钢筋过长或过短，伸出钢筋没有固定	伸出钢筋的锚固长度不够，对结构产生重大隐患
4	预埋件、预埋物	安装位置错误或遗漏	安装不牢固，混凝土振捣时产生位移，预埋件安装时没有检验	位置出错，严重影响施工

4.2 构件外观尺寸误差控制

1. 构件首件检验

对一个新模具生产首个构件的检验是非常重要的环节。生产出首件后，应由技术部、生产部、制作工人一同对照图纸检验构件是否合格，检验合格后方可继续生产该构件，如检验不合格要停止该模具使用，找出问题原因，进行整改。

2. 模具变形

组装模具时首先要检查模具的平整度，检验模具是否有变形。如模具发生变形，该模具须停止使用，待修复完成后方可使用。

3. 模具组装后没有进行检验

模具组装完成后的检验是重要环节，如不检验可能会出现构件尺寸超过允许误差，导致构件报废。

模具组装后应立即进行检验，用尺量长、宽、高、对角线，模具连接螺栓或磁盒有没有拧紧或遗漏，检验合格后方可进行下一道工序，见图4-1。

4. 浇筑过程中胀模

浇筑前要检查模具的整体连接，梁、柱等侧模较高的构件要在侧模上加装斜支撑固定模具，斜支撑支架要与模台连接，防止浇筑时胀模。混凝土浇筑振捣时要观察模具与模具间连接螺栓或磁盒有无松动迹象，如有松动迹象立刻停止浇筑，将螺栓或磁盒重新固定检查合格后方可继续浇筑。

▲ 图 4-1　模具检验

5. 预埋件或预留孔洞埋设尺寸偏差

预埋件或预留孔洞埋设时应对照图纸给出的位置进行安装，安装工人要用尺测量，进行初次检查，初检后质检员要进行复检，复检合格后方可进行下道工序。

6. 伸出钢筋尺寸误差

钢筋入模后，钢筋工首先要对伸出钢筋的长度进行初检，必须把钢筋伸出长度调整至误差允许范围内，完成后质检员要进行复检，对每根伸出钢筋逐一校对，合格后才能进行下道工序。浇筑结束后还要进行检查，因振捣时钢筋容易移位，所以浇筑后须对伸出钢筋的长度进行检查。

7. 构件压光面或拉毛面不平整

（1）表面须压光的构件振捣结束后不要直接用铁抹子抹平，首先用铝合金靠尺刮平表面，在混凝土表面临近初凝时，用砂抹子对混凝土表面进行搓光、搓平，最后用铁抹子压至表面平整光洁。这三种工具反复抹压次数不少4次。

（2）对于表面做拉毛处理的需要在浇筑完成后用砂抹子反复搓平，再进行拉毛处理即可。

8. 构件堆放不合理导致变形

构件堆放是确保构件质量的重要环节，堆放方式不正确容易产生翘曲、裂缝等质量问题（详见本书第 22 章第 22.1 节）。

4.3 套筒（浆锚孔）位置与角度误差控制

▲ 图 4-2 胶皮胀栓

1. 套筒与模具连接中心线位置

制作模具时要准确地在模板上留出套筒安装用固定孔洞，验收合格后方可使用，安装套筒时，套筒与模具之间的连接用胶皮胀栓固定（图 4-2），安装完成后用角尺测量是否垂直，见图 4-3。

2. 套筒与钢筋连接中心线位置

模具上预留的出筋孔为了脱模方便，孔径要比钢筋直径大，所以要在出筋孔位置处加装胶皮堵来固定钢筋中心位置，见图 4-4 和图 4-5。

▲ 图 4-3 套筒与模具垂直固定

▲ 图 4-4 固定钢筋位置用胶皮堵

▲ 图 4-5 安装胶皮堵后钢筋固定在中心位置

4.4 伸出钢筋位置与长度误差控制

钢筋入模时要对照图纸上的出筋位置、出筋方向进行安装，特别是图纸上没有标识清楚 ABCD 面时，要对照施工图进行安装，防止伸出钢筋安反了的情况出现。

1. 伸出钢筋定位装置

伸出钢筋在振捣过程中产生移位是很难避免的，尤其是浇筑面上的伸出钢筋容易下坠，所以要在伸出钢筋处加装定位装置，防止钢筋产生移位，见图 4-6。如果伸出钢筋长度短了，构件安装时钢筋的锚固长度不够，就会导致该构件不得不报废。

2. 不能加装定位装置时该如何固定

无法加装定位装置时可在伸出筋上绑扎一根钢筋，把所有伸出钢筋连成一体，要注意绑扎牢固，见图 4-7。

3. 钢筋伸出长度应如何控制

首先要检查钢筋长度是否合格，在钢筋入模和浇筑完成后都要进行逐根检查，钢筋伸出长度过长或过短都要进行调整。也可以使用伸出筋的固定装置，用螺栓卡住，防止钢筋移位，见图 4-8。

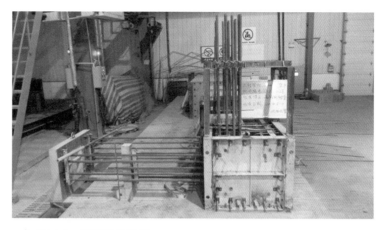

▲ 图 4-6　钢筋定位装置

▲ 图 4-7　加固伸出钢筋

▲ 图 4-8　伸出筋固定装置

4.5　预埋件与预埋物位置误差控制

1. 模具面的预埋件与预埋物固定方式

预埋件埋设在模具面时，要在模具上对应预埋件的位置处开孔，并用螺栓连接，同时用尺测量检验，见图 4-9。

2. 浇筑面的预埋件与预埋物固定方式

预埋件埋设在浇筑面时，不要直接埋设，要设置吊架，把预埋件安装在吊架上，同时吊架要与模具进行连接，防止振捣时预埋件移位，见图 4-10。

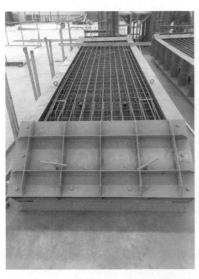

▲ 图 4-9 预埋件与模具连接固定　　▲ 图 4-10 预埋件与吊架连接固定

3. 钢平台面的预埋件与预埋物固定方式

预埋件设置在模台面时，首先要在钢模台上量出预埋件位置，用记号笔进行标记，把预埋件固定在磁铁上，再吸到钢模台上，振捣时注意不要扰动预埋件，见图 4-11。

▲ 图 4-11 固定预埋件用磁铁

第5章
构件裂缝原因及预防和处理方法

本章提要

　　裂缝是混凝土普遍存在的问题，出现裂缝的构件是否可用需进行检测、分析或试验。有的裂缝无害、不必修补；有的裂缝有害，但修补后可以使用；还有的裂缝不能或不得修补，构件必须报废。本章通过分析构件裂缝的实际案例，给出了裂缝形成的原因及处理方法。

▌5.1 构件裂缝实例

　　预制构件在制作、存放、运输和吊装环节中会出现各种裂缝，从而影响到构件的承载力、耐久性、抗渗性、抗冻性、钢筋防锈蚀和建筑美观。图5-1~5-8展示了几种常见裂缝实例。

▲ 图 5-1　构件边缘裂缝

▲ 图 5-2　从阴角展开的裂缝

▲ 图 5-3　浇筑面裂缝

▲ 图 5-4　垂直于纵向受力钢筋的裂缝

▲ 图 5-5　板底裂缝

▲ 图 5-6　斜裂缝

▲ 图 5-7　龟裂缝

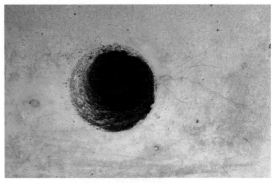

▲ 图 5-8　预留洞口或预埋件处裂缝

5.2　构件裂缝类型

分析构件裂缝时，主要从以下几个方面进行：

（1）出现裂缝的形态。

（2）裂缝生成的原因。

（3）裂缝的危害程度：

1）影响结构安全的裂缝。

2）影响使用功能的裂缝。

3）影响外观的裂缝。

（4）裂缝的处理方式（分为可处理、不可处理和不用处理）。

表 5-1 给出了裂缝形态及原因。

表 5-1　裂缝形态及原因一览表

裂缝形态	原因					处理			备注
	材质	构造	温度	荷载	存放	可处理	不可处理	不用处理	
图 5-1 构件边缘裂缝		△		△	△	△			
图 5-2 从阴角展开的裂缝		△	△			△			
图 5-3 浇筑面裂缝	△		△	△		△			
图 5-4 垂直于纵向受力钢筋的裂缝		△	△	△	△	△	△		根据检测结果确定是否可处理
图 5-5 板底裂缝		△	△				△		
图 5-6 斜裂缝			△	△	△	△	△		根据检测结果确定是否可处理
图 5-7 龟裂缝	△		△			△	△		根据检测结果确定是否可处理

（续）

裂缝形态	原因					处理			备注
	材质	构造	温度	荷载	存放	可处理	不可处理	不用处理	
图 5-8 预留洞口或预埋件处裂缝	△	△				△		△	要根据孔洞和预埋件的类型或裂缝深度来确定

5.3　龟裂缝形成原因及预防和处理方法

　　龟裂缝和方向无规则的裂缝（图 5-7）的主要原因是材质和变形受到约束，表 5-2 给出了龟裂缝可能的形成原因及预防措施。

表 5-2　龟裂缝形成原因及预防措施

形成原因	预防措施
水泥受潮或过期	水泥应存放在干燥的环境中，且存放不得超过三个月，超过三个月的要由试验室进行检测后方可决定是否使用
骨料含泥（粉）量大	要选用优质的原材料
水灰比过大	混凝土搅拌要严格按照配合比执行
混凝土坍落度过大或过小	混凝土搅拌要严格按照配合比执行
混凝土浆料初凝后再使用或被扰动	混凝土浇筑时严禁使用已到初凝状态的混凝土且浇筑完成后在混凝土达到一定强度前不能扰动混凝土
混凝土振捣不密实	混凝土振捣时间要充分，且不得漏振
构件自然养护温度或湿度过低	提高混凝土养护时间及温度，确保强度到达要求
构件蒸汽养护未静停，或升、降温过快	构件浇筑结束后要静养 2h，每小时升温控制在 15℃左右，恒温结束后要进行自然降温
构件出窑温度与存放场地温差过大	厂房要设置临时存放区，构件脱模后先放到临时存放区，待温度降下来后方可运往存放场地
蒸汽养护后干燥过快	新出窑的构件在存放时要注意防止暴晒，可用苫布进行遮盖

　　对出现龟裂缝和方向无规则裂缝的构件应检测其强度，如果达不到设计要求，应予报废；如果只是局部问题，可修补后再使用。

5.4　垂直于受力钢筋的裂缝原因及预防和处理方法

　　垂直于受力钢筋的裂缝（图 5-4）较为普遍，对结构安全影响较大，主要原因及预防措施如下：

（1）脱模时混凝土未达到脱模作业要求的强度。

预防措施：浇筑混凝土时要制作混凝土试块，并与构件进行同条件养护。构件脱模前，试验室要对混凝土试块进行强度检测，强度达到作业要求时方可进行脱模。

（2）混凝土强度不够，或保护层过大，在正常脱模、吊运荷载下出现裂缝。

预防措施：

1）在保证强度达到作业要求下脱模、吊运。

2）构件脱模吊运要使用专用的吊具。

（3）垫方高度不一，或多层存放垫方错位，导致构件形成悬臂，梁、柱顶面受拉，出现裂缝。

预防措施详见本书第 22 章。

（4）吊索水平夹角过小（要求是 60°），使构件受力状态发生改变。

预防措施详见本书第 20 章。

（5）软带捆绑起吊的小型构件，软带位置错误。

预防措施详见本书第 20 章。

出现垂直裂缝的构件能否使用与裂缝深度和宽度有关，须认真检测分析。

5.5 平行于受力钢筋的裂缝原因及预防和处理方法

平行于受力钢筋的裂缝有 3 种情况。

（1）出现在构件浇筑面。

原因分析：

1）混凝土流动性过大，在塑性阶段形成裂缝，即"沉塑"。

2）叠合板存放用点式垫块，垫块高度不一，或多层存放垫块错位，导致构件在与受力钢筋垂直的方向出现悬臂，产生负弯矩，顶面受拉。如图 5-9 所示裂缝就是这种原因。

此种裂缝修补后，构件可继续用。

（2）出现在楼板底面和墙板模具面的纵横裂缝，潮湿时可看到钢筋的痕迹。

原因分析：保护层过薄，对钢筋没有形成足够的握裹力，受力后开裂。

此种裂缝修补封闭后，构件可继续使用。

（3）墙板预埋管线、箱盒部位出现的裂缝。

原因分析：管线、箱盒距离受力钢筋太近，或管线过于集中，受力钢筋没有被足够的混凝

▲ 图 5-9 平行于受力钢筋的裂缝

土握裹。

对于此种裂缝墙板，须重新调整管线位置，修补后可继续使用。

5.6　斜裂缝原因及处理方法

斜裂缝一般有如下两种情况。

（1）出现在板式构件边角附近。

原因分析：构件边角被撞击或不当受力，如图 5-6 所示。

（2）梁安装后在侧边靠近支座部位出现斜裂缝。

原因分析：

1）抗剪钢筋发生位移，间距过大。

2）抗剪钢筋保护层过厚。

斜裂缝出现时应检测其裂缝的深度，多数情况下修补后可正常使用。

5.7　构件边缘裂缝及处理方法

边缘裂缝通常如图 5-2 所示，产生的主要原因有：

（1）钢筋保护层过大（图 5-10）。

（2）混凝土离析导致混凝土强度降低，振捣不当和混凝土投料落差大都可能造成离析现象（图 5-11）。

▲ 图 5-10　钢筋保护层过大

▲ 图 5-11　混凝土离析

（3）实际配置的混凝土强度不稳定，或水灰比过大，或骨料含泥量大都容易造成混凝土此类裂缝的产生。

（4）构件养护升温或降温速度过快。

（5）构件存放场所与构件出窑时温差过大。

（6）脱模时，混凝土强度低或脱模作业用力太大。

对于边缘裂缝应检测裂缝深度，多数情况下修补后可正常使用。

第6章
混凝土质量问题与预防措施

本章提要

　　给出了预制构件混凝土的常见质量问题，并对其进行了汇总，对重点问题如混凝土强度不足、蜂窝麻面和抗冻性不好的原因做了具体分析，同时给出了可行的预防措施和处理办法。

6.1　混凝土质量问题举例

　　混凝土因材质原因导致的裂缝问题已经在第 5 章中讨论过了，本章讨论除裂缝外之外的其他混凝土质量问题，先看下面几个例子。

　　1. 混凝土强度不足（图 6-1）

　　有的预制构件到了龄期后强度未达到设计要求。一种情况是试块和构件回弹检验都未达到设计要求，还有一种情况是试块强度满足设计要求了，但构件回弹强度未达到设计要求，甲方和施工单位不予验收。

▲ 图 6-1　强度不足

　　2. 混凝土表面出现蜂窝、孔洞（图 6-2）

　　预制构件在混凝土浇筑时，由于振捣时间不足，气泡没有完全排出产生蜂窝孔洞，此类构件要修补后才能出厂。

　　3. 混凝土表面疏松（图 6-3）

　　混凝土浇筑振捣时有漏振或钢筋加密区位置振捣不足，就会导致混凝土构件出现局部疏松。

▲ 图 6-2　蜂窝、孔洞

4. 混凝土表面起灰（图 6-4）

混凝土养护不足往往会导致构件表面起灰。

5. 混凝土颜色不一（图 6-5）

预制构件制作时涂抹在模板上的脱模剂涂抹不均匀就容易此类现象的发生。

▲ 图 6-3　疏松　　　　　▲ 图 6-4　表面起灰　　　　　▲ 图 6-5　混凝土表面颜色不一

6.2　常见混凝土质量问题汇总

常见混凝土质量问题可参见表 6-1。

表 6-1　常见混凝土质量问题一览表

序号	质量问题	原因	危害
1	混凝土强度不足	1. 搅拌混凝土时配合比出现错误或原材料使用错误 2. 水泥过期 3. 骨料强度不足 4. 水灰比过大 5. 混凝土离析	形成结构安全隐患
2	混凝土表面蜂窝、孔洞	1. 振捣不实或漏振 2. 振捣时不分层或分层过厚 3. 模板接缝处不严、漏浆 4. 模板表面污染未及时清除	构件耐久性差，影响结构使用寿命
3	混凝土表面疏松	漏振或振捣不实	构件耐久性差，影响结构使用寿命
4	混凝土表面起灰	搅拌混凝土时水灰比过大，养护不足	构件抗冻性差，影响结构稳定性
5	混凝土表面颜色不一	脱模剂涂刷不均	严重影响构件外观质量

6.3 混凝土强度不足的原因与预防及处理措施

1. 造成混凝土强度不足的原因

（1）原材料质量存在问题

1）水泥质量不良、受潮或过期。

2）骨料质量不良、骨料强度低、含泥量大或级配不好。

（2）混凝土配合比有问题

1）随意套用配合比。

2）随意增加用水量。

3）水泥用量不足。

4）砂、石配料计量不准。

5）错用外加剂。

（3）混凝土施工工艺存在问题

1）混凝土搅拌过程中，向搅拌机内投料顺序不对，造成搅拌不均匀。

2）运输过程中发现混凝土离析，没有及时处理并直接使用。

3）浇筑时，混凝土已初凝。

4）模具变形，模具连接处漏浆严重。

5）浇筑振捣时，振捣不充分。

6）养护不足。

2. 预防措施

（1）原材料通过试验室检验合格后方可使用。

（2）严格控制混凝土配合比，严禁擅自更改配合比、严禁随意加水，搅拌时材料要按顺序往搅拌机内投放，并严格控制搅拌时间。

（3）每种型号的混凝土在搅拌第一盘料时要做坍落度试验，坍落度不合格的混凝土不得用于预制构件，可用于车挡石等产品的生产。

（4）模具变形要及时整改，模具连接处可粘贴海绵条进行密封。

（5）振捣过程要充分，不得有漏振、过振情况发生。

（6）对混凝土进行充分养护。

6.4 蜂窝产生的原因与预防及处理措施

1. 蜂窝产生的原因

（1）模板表面不光滑，不干净；组模缝隙过大，造成模具漏浆。

（2）混凝土没按配合比准确投料（如砂子少、石子多），混凝土搅拌时间短、搅拌不均匀，浇筑时造成某些部位石子多而砂子少。

（3）混凝土没有分层投料浇筑，投料高度过大，造成骨料分离。

（4）混凝土入模后，振捣不好，造成漏振或过振。

2. 预防及处理措施

（1）混凝土浇筑前，应认真检查模具缝隙，发现缝隙大时要及时修整，必须保证模具缝隙严密；模具表面要清除灰浆等脏物，并涂刷好脱模剂。

（2）混凝土要严格按照配合比准确投料，且要严格控制好水灰比、坍落度及搅拌时间。

（3）混凝土要分层投料浇筑，每层投料量不超过 30cm。

（4）振捣要充分，待出现泛浆后，混凝土不下沉了，即可停止振捣。采用插入式振捣器时，振捣器要快插慢拔。

（5）构件脱模后，发现蜂窝应及时处理，将松动的石子凿除后用水清洗，再用比原强度等级高一级的细石混凝土填补，同时采取养护措施使其强度达到设计要求。

6.5 抗冻性不良问题产生原因与预防措施

1. 造成抗冻性不良的原因

（1）水灰比影响混凝土的孔隙率及结构，水灰比过大导致饱和水的开孔总体积增加，而且平均孔径也增大，进而导致混凝土抗冻性不良。

（2）浇筑的混凝土含气量过多。

（3）混凝土强度增长期养护不足。

2. 混凝土抗冻性不良的预防措施

（1）可适当掺入高效减水剂降低水灰比。

（2）可适当掺入引气剂。

（3）最好选用普通硅酸盐水泥。

第7章
构件破损和污染原因与预防措施

本章提要

　　PC 构件对产品的外观质量要求很高，本章分析了造成构件破损与表面污染的原因，给出了脱模、翻转、厂内运输、构件存放、装车及运输过程中防止破损和污染的具体而可行的措施。

7.1　构件破损的类型与原因

构件的破损分为混凝土破损和附着物破损两种情况。

（1）混凝土破损的主要原因有：

1）混凝土强度不足。

2）脱模时粘连模具导致缺棱掉角。

3）构件起吊不平行导致低点位置磕碰到模台，构件倒运、存放、装车时发生磕碰产生掉角，严重的会导致构件直接断裂。

（2）附着物破损包括：瓷砖、保温材料、门窗等；破损主要原因是在其转运、存放、吊运时对其保护不到位。

7.2　造成构件表面污染的原因

构件表面产生污染的类型及处理方法如下。

（1）构件表面产生的污染

1）油剂污染

2）泥水污染

3）垫方处污染

4）脱模剂喷涂不均造成的污染

5）包装物污染等

（2）产生污染的原因

1）钢丝绳油剂

2）吊车漏油

3）工人佩戴带有油渍的手套扶碰构件

4）下雨滴上的泥水

5）木质垫方潮湿

6）构件制作时脱模剂喷涂不均匀造成构件外观颜色不均匀

7）包装物掉色或淋雨后掉色

7.3　脱模、翻转、厂内运输防止破损和污染的措施

（1）在确保混凝土强度达到要求时，产品才可以脱模，模具拆卸时不允许强力作业，在构件脱模起吊前再检查一遍是否还有模具连接螺栓没有拧下，在确保无误时方可起吊脱模。脱模时要使用专用的吊具进行起吊脱模，起重机要做到慢起慢落，倒运时垫方要摆放在正确的位置，构件存放时每跺构件之间要留好通道，防止构件存放过密而产生磕碰，垫方大小选用要一致，防止其倾斜。

（2）构件脱模时不允许强力拆模，起吊构件要平稳，翻转时要在构件下方垫上软质材料，防止翻转时产生磕碰，超大的构件在厂内倒运时要事先选择宽畅的路线，防止磕碰情况发生。

（3）构件要轻拿轻放，防止发生磕碰，存放时要注意躲避其他构件的伸出钢筋。

（4）防污措施：

1）禁止工人在没有保护的情况下穿鞋在构件上走动。

2）劳保手套不要佩戴带有油渍的。

3）钢丝绳不允许碰触构件表面。

4）吊装时事先要检查起重机是否漏油，防止油污。

7.4　构件存放防止破损污染的措施

1. 构件防止破损的存放方式

构件存放时，每堆构件都要有通道，存放不要过于紧密，在夜间工作时要架设照明灯，避免天黑看不清造成碰撞。

2. 构件存放防污染的注意事项

不要将钢丝绳放到构件上。构件吊装前要检查起重机是否漏油，如有漏油要及时修复再进行吊装。泥水浸泡的构件要用清水反复冲洗干净，带有包装的构件要进行苫盖，防止

下雨侵蚀。构件存放的最底层要选用较大的垫方,以便有积水时能很好地隔离开,构件存放堆场要有排水措施,避免积水,同时防止泥浆溅到构件上。

7.5　构件装车和运输防止破损污染的措施

1. 构件装车注意事项

(1)构件装车时首先要在车厢板上垫好大木方,如车厢板不平时要用木屑垫平。

(2)每层的垫方应选用大小一致的木方。

(3)垫方点位要合理一致,如垫方有偏差,运输途中若遇颠簸容易使构件断裂。

(4)构件装完车后要用绳索固定好每堆构件,防止车辆拐弯时构件滑落。

2. 运输线路的选择

每个工程运输第一车构件之前要选择运输路线,尽量避开坑洼不平、狭窄的路线,选择平整开阔的路线,途中如果有减速坎,须给司机明确指示——必须以很慢的速度过坎,如图 7-1,避免因道路颠簸造成构件破损。

▲ 图 7-1　减速坎

7.6　工地卸车与构件交付

1. 工地卸车注意事项

PC 构件运到工地现场后首先要由施工单位及监理一同进行验收,检验合格后方可卸车,不检查不可卸车。在构件卸车及工地存放时发生的磕碰、断裂等应由施工单位负责。

2. 构件交付流程

构件生产厂家须提供给施工单位构件的检验报告单、合格证、隐蔽验收资料、构件交货单等,待卸完构件后应由施工单位保管员在构件交货单上签字确认,交货单随车返回预制构件厂。

第8章
容易出错或遗漏的事项及预防措施

本章提要

　　本章列出了预制构件制作企业容易出错或遗漏事项清单；图纸会审项目清单；给出了避免隐蔽工程验收漏项、混凝土强度等级错误、预埋件预埋物遗漏以及其他出错与遗漏的具体措施。

8.1　容易出错或遗漏事项清单

　　装配式混凝土建筑宽容度比较低，预制构件一旦出错，或者预埋件预埋物没有埋设以及埋设错误，很难处理，或处理代价大，或造成结构安全隐患，问题严重的构件甚至不得不报废。如前图 1-5，是预制构件安装后才发现忘记了预埋管线，只得在现场凿出沟槽埋设，但凿槽过程中凿断了水平钢筋，削弱了抗剪性能，造成了结构安全的隐患。

　　本节列出预制构件制作环节可能出错和遗漏的事项清单，以供预制构件工厂管理与技术人员参考，抛砖引玉，使管理与技术人员在承接每一个项目任务时，能够根据项目的具体情况，列出需要防范的错误清单和避免遗漏的清单，并制定具体的措施，做到万无一失。

　　1. 深化设计容易出错和遗漏的事项清单

　　一些预制构件制作企业具备深化设计的能力和经验，并承接深化设计任务；很多没有深化设计业务的构件制作企业有时也被甲方邀请参与协同设计，提出工厂方面的要求；既没有深化设计任务也没有参与协同设计的构件制作企业，在图纸会审和设计交底阶段也应当参与审核预制构件图纸，以便发现可能出现的错误和遗漏。

　　下面列出深化设计容易出错和遗漏的事项清单，供读者参考：

　　（1）预埋件预埋物遗漏，包括电气、通信、水暖、内装、防雷、门窗、构件制作、构件安装、施工设施需要的预埋件。

　　（2）构件局部因配筋、套筒、预埋件、预埋物干涉拥堵无法浇筑混凝土。

　　（3）剪力墙板集中布置管线和箱盒，影响构件承载力（图 8-1）。

　　（4）未按照脱模时的较低的混凝土强度进行脱模、吊运和翻转验算，而是按设计强度验算刚脱模时的工况。

　　（5）未给出桁架筋底筋与水平筋的上下关系。

　　（6）未给出构件存放与运输过程中的支点。

（7）梁柱一体化构件混凝土强度等级不一样时，未在图中清晰标注不同部位的混凝土强度等级。

（8）深化构件图不全（目录、总说明、构件列表、平面图、立面图、节点图、构件外形图、配筋图、预埋件大样图十个部分，应缺一不可）。

（9）构件图未标注构件各个面的代号和视图方向。

▲ 图 8-1 集中布置管线箱盒

2. 模具设计容易出错和遗漏的事项

（1）没有给出模具涨尺或缩尺的要求。

（2）没有给出套筒定位的允许误差。

（3）没有给出预埋件定位的允许误差。

（4）没有给出伸出钢筋定位的允许误差。

（5）没有给出预留孔定位和角度的允许误差。

（6）钢筋伸出方向错误。

（7）没有给出模具使用条件的相关要求。

（8）没有给出模具保养、复验、改装的相关要求。

3. 钢筋作业容易出错和遗漏的事项

（1）钢筋直径错误。

（2）钢筋长度错误。

（3）箍筋尺寸错误。

（4）附加筋、加强筋遗漏。

（5）钢筋与钢筋或者预埋件、预留洞口冲突时工人凭现场情况调整尺寸。

（6）图纸变更洽商后钢筋变化未及时向相关作业人员传递。

4. 预埋件预埋物入模容易出错和漏项

（1）对应构件出错。

（2）预埋件规格错误。

（3）图纸标注有，但作业时漏放。

（4）预埋件固定不稳，脱落或移位。

5. 混凝土搅拌与浇筑错误

（1）混凝土强度等级与构件设计不符。

（2）坍落度不符合要求。

（3）混凝土过振或漏振。

（4）混凝土表面浮浆过多。

6. 养护

（1）没有静停期。

（2）升温降温速度过快。

（3）没有进行脱模后的后续养护。

（4）混凝土同条件养护试块养护不到位。

（5）立体养护窑达不到养护规定要求。

7. 存放与装车

（1）存放支点错误。

（2）层数错误。

（3）装车捆扎不牢固。

（4）边角保护不到位。

8. 发货

（1）与施工要求的型号规格不符。

（2）直接吊装的构件装车顺序不对。

8.2　图纸会审项目清单

多数预制构件制作企业没有参与深化设计和设计协同，在预制构件设计完成后才介入项目，因此，图纸会审或设计交底环节是这些构件制作企业唯一可以事先避免设计错误和遗漏殃及自己的机会。构件制作企业在参加图纸会审和设计交底时，应当审核的项目包括但不限于：

（1）有没有无法制作的构件，如超长、超宽、超重的构件。

（2）有没有无法脱模或脱模困难的构件。

（3）是否有模具周转次数太少的构件，可否与其他构件归并截面尺寸。

（4）有没有钢筋预埋件预埋物过于拥堵无法保证混凝土浇筑的情况。

（5）是否有预埋件预埋物遗漏（见8.5节）。

（6）是否给出了桁架筋底筋与水平筋的上下层定位关系。

（7）是否有同一组合构件不同部位混凝土强度等级不一样的情况。

（8）是否给出了构件存放与运输的支点。

（9）偏心构件吊点布置是否考虑了吊运平衡。

（10）装饰一体化构件有没有细部构造要求，如瓷砖反打的排版与收口。

（11）预应力构件是否给出了控制应力、起拱值、弹性模量等参数。

（12）有没有考虑构件翻转、吊装、运输等环节的施工荷载和应对措施。

（13）有没有考虑特殊构件的安装顺序和安装措施。

8.3　避免隐蔽工程验收漏项的措施

装配式混凝土建筑，一部分隐蔽工程验收转移到工厂，如果隐蔽工程验收漏项，一方面会对结构安全心中无数，另一方面也无法通过工程验收和归档，采取事后补手续的做法涉嫌造假，还有可能构成刑事犯罪。因此，必须重视隐蔽工程的验收工作。

1. 构件制作工厂须进行的隐蔽验收项目

（1）结构预埋件：包括预埋钢板、预埋套筒、预埋螺母等，这些重要的受力部位必须严格按照图纸和规范规定做好定位以及锚固端的隐蔽检验。

（2）建筑预埋件：包括电气线管、线盒、水暖管道、支架预留螺母等，这些预埋件首先会影响建筑功能的实现，一旦遗漏补救起来费时费力，严重时会危及结构安全。

（3）钢筋：包括钢筋型号、数量、尺寸、位置、接头形式、表面质量等，尤其注意边角和复杂部位。

（4）钢筋保护层厚度：与模具和钢筋骨架都有关，包括各个部位的保护层厚度实测值、浇筑混凝土过程中的固定措施等，带减重块（泡沫）和预留洞口、窗框等特殊情形都要有过程预防措施。

（5）保温板：当制作夹芯保温板时，应重点检查拉结件（数量、间距、插入深度、型号等）和保温板（尺寸、位置保证措施等）。

（6）装饰面：主要是石材反打（燕尾槽、挂钩、防渗涂层等）、面砖反打（位置、缝隙保证、安装是否有损坏等）、水磨石（分隔条固定、厚度控制、保护层等）。

（7）止水带：当采用止水带作为预制和现浇相邻处的防水措施时，应重点检查止水带的位置和固定措施。

（8）吊钉、吊母：用于施工过程起吊构件的吊钉、吊母等，对位置精度要求稍低，但不能出现歪斜、偏位或者尾部预埋措施不到位等情况，否则可能酿成安全事故。

2. 隐蔽工程验收参与岗位

隐蔽工程验收应当由具有质检员资格的专职质量人员进行，在此之前要建立起作业人员的自检和交接检制度，同时要由监理工程师进行抽检复核。常见的隐蔽验收参与人及其职责见表 8-1。

表 8-1　隐蔽验收参与人员与职责

序号	参与人	主要职责	是否签字
1	作业工人	自检，对照图纸、技术交底、质量标准对自己所做的工作进行隐蔽工程检验	通常要签字
2	下一环节作业工人	交接检（互检），熟悉图纸和标准，对上一环节完成的工作进行接收前隐蔽工程的复验	根据需要
3	质检员	监督检验（专检），对班组已完成的隐蔽工程进行验收检验，未合格之前不能进入下一道工序	需要，有填表人、审核人
4	监理工程师	抽检，依据规范规定的批次对工厂检验完成的隐蔽工程进行抽样检验。同时监理工程师对工厂形成的隐蔽工程检验资料进行审核，发现问题及时纠正	根据法规规定，在抽样或者见证取样报告上签字

3. 隐蔽工程验收的流程

隐蔽工程应在混凝土浇筑之前由驻厂监理工程师及专业的质检人员进行验收，未经隐蔽工程验收的不得浇筑混凝土，验收流程见图 8-2。

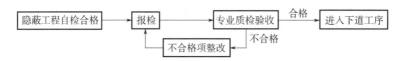

▲ 图 8-2　隐蔽工程验收流程

4. 避免隐蔽工程验收漏项的措施

（1）建立 ISO 质量管理体系，合理分配各程序的职权，确保隐蔽检验环节责权对等。

（2）组建有力的质量检验部门和团队，制定隐蔽工程验收的规则、制度和流程。

（3）针对具体项目、具体构件制定隐蔽工程验收计划，按照计划执行。

（4）建立隐蔽工程验收事项清单，对照清单进行工人、一线管理人员和质检员的培训。

（5）创新隐蔽工程验收手段，通过微信群、QQ 群、企业 OA 等平台及时通报验收过程中发现的问题。

（6）对具备条件的隐蔽工程实行拍照留影，以电子或书面文档形式存储。

8.4　混凝土强度等级错误预防措施

1. 混凝土强度等级错误类型

预制构件制作过程中，容易发生的混凝土强度等级错误包括：

（1）下达的配合比指令与构件要求不符。

（2）同时生产不同强度等级的构件，只有一套混凝土搅拌系统，变换混凝土强度等级时，对应的构件出错。

（3）组合构件强度等级不一样，用了相同强度等级的混凝土。如梁柱一体化构件莲藕梁，梁的部分是 C30 混凝土，莲藕部分即柱的部分是 C40 混凝土，结果都浇筑同样等级的混凝土了。都用高强度等级的混凝土，不仅浪费，也违背了强柱弱梁的原则；都用低强度等级的混凝土，结构就不安全了。

（4）为了缩短构件养护时间，不惜提高混凝土强度等级，最终验收时发现构件的混凝土强度标准值远超设计值。这种情况在抢工时容易发生。应当通过其他措施来提高混凝土早期强度，如蒸汽养护、加早强剂、降低混凝土坍落度等。

（5）预制构件实际混凝土强度低于设计值的情形还包括：原材料供应质量下降（含泥量增加）；搅拌时施工配合比采用的砂石含水率不准，导致用水量增加；现场浇筑前工人或运输司机私自加水；减水剂质量波动（减水率降低）等。

2. 流水线预防混凝土强度等级错误的措施

采用流水线工艺时预防混凝土强度等级出现差错的措施包括：

（1）多条流水线：采取人工与软件交叉复核的方式确保混凝土输送到正确的浇筑工位。

（2）一条流水线：在浇筑机上方取样，从混凝土和易性、早期强度来复核混凝土强度等级。

（3）自动控制程序：通过设定搅拌机参考电流、原材料计量、和易性、出机等待等指标超差报警机制，及时发现实际使用混凝土配合比的变化。

（4）人工控制或复核程序：通过经验丰富的质检员进行巡检，及时发现混凝土在搅拌、运输、浇筑过程中的异常情况，防止混凝土强度等级出现差错。

3. 固定模台预防混凝土强度等级错误的措施

固定模台工艺预防混凝土强度等级差错的具体措施包括：

（1）运输车：固定台模生产构件时，混凝土通常间歇式供应，常用搅拌运输车输送混凝土，当混凝土强度等级发生变化时，混凝土在运输车里的状态也会有所不同，有经验的质检员能够及时识别。

（2）变换复核：浇筑工位上的工人或管理人员要对每一次供货来的混凝土纸质版送货单进行复核，避免错用。

（3）料斗挂盘：当工厂生产量较大时，不同强度等级的混凝土应采用不同的料斗，便于工人直观操作以及避免混凝土强度等级出现差错。

（4）模具与料斗扫码：当工厂充分引入二维码、芯片等手段进行过程管理时，可以通过软件系统辅助识别模具、料斗、混凝土之间的关联关系，一旦人工操作失误，系统自动报警锁死，从而避免混凝土配合比发生差错。

（5）组合构件，小型搅拌机配合：当生产不同强度等级的组合构件时，由于混凝土浇筑量小，但要求配合的及时性高，所以可以采用小型搅拌机辅助生产混凝土。

8.5　预埋件预埋物遗漏预防措施

1. 预制构件预埋件预埋物一览表

为避免预埋件和预埋物的遗漏，表 8-2 汇总了预制混凝土构件有可能埋设的预埋件和预埋物的类型和名称。

表 8-2　预埋件、预埋物一览表

预埋件类型	预埋件名称
金属类	吊装埋件/吊环/吊钉
	脱模埋件/吊环
	幕墙埋件
	塔式起重机附墙埋件
	脚手架加固埋件
	栏杆埋件
	斜支撑埋件
	调标高埋件
	模板接驳器/通孔

(续)

预埋件类型	预埋件名称
夹芯保温体系	承重部位,保温拉结件
结构钢筋纵向连接	灌浆套筒
	钢筋锚固板
	浆锚搭接锚固金属波纹管
构造钢筋连接	拉结筋(构件与后浇混凝土之间)
	拉结筋一级螺纹接头
机电点位预埋	线盒、灯盒
	穿线管
	预埋套管(止水节)
	设备套管
	避雷引线和接驳钢板
	接线孔
	成品地漏
	成品电箱
门窗预埋	成品门
	成品窗
	门窗副框
	木砖
局部构件分割、隔断弱化	XPS,用于构件与后浇混凝土之间

2. 预防预埋件预埋物遗漏的措施

(1)在深化设计时,要严格区分相同外形尺寸但采用不同预埋件的构件。每种构件,即使尺寸形状配筋完全一样,但有一个预埋件不一样,也都要分别编号。可以用构件编号后面加"——序号"的方式,并且在深化设计总说明中详细说明编号规则。

(2)列出每种构件预埋件与预埋物总表,制作成微信文件,发给模具、钢筋、质检及监理人员。

(3)将预埋件按照图纸进行标识或者贴上二维码,在生产时必须扫码才能进入下一道工序。

(4)将构件所需预埋件提前装入专用器具,每个器具只装一个构件所需的预埋件。

(5)将预埋件按照顺序放好,临时存放地点有特定标识,并且与模具一一对应,每次只存放一个构件的预埋件,用完再补充。

(6)按照预埋件列表逐一进行检查,确保没有遗漏和脱落。

(7)建立预埋件遗漏处罚制度,根据影响程度对遗漏预埋件行为进行分级处罚。

(8)建立现场预埋件定量供应制度,一旦出现预埋件不够或者富余,追溯源头,查找原因。

（9）对预埋件进行交叉检查、飞行检查，奖励发现预埋件遗漏的行为。

8.6　避免其他出错与遗漏的措施

1. 其他容易出错和遗漏的项目

其他有可能出错和遗漏的事项包括：

（1）原材料检验漏项：针对不同使用环境，原材料会有环保要求（放射性、有害气体释放等）、耐久性要求（抗冻融、碱含量、氯离子含量等）、抗老化要求（有机物抗紫外线、高温软化形、低温变脆性）、防火要求（主要是达不到 A 级防火的保温材料）。这些特殊要求容易出现检验漏项。

（2）预埋件方向错误：对于多面出筋的构件，如预制柱，有时预埋件容易出现旋转 90° 放置错误的现象，在安装钢梁时才发现，结果就造成返工甚至构件报废，见图 8-3。

▲ 图 8-3　用于混合结构的预制混凝土柱及其预埋柱头

（3）钢筋伸出长度不够，无法连接。

（4）预留孔角度偏位，导致后装管道、钢筋、连接件时无法安装。

（5）预留连接件偏位：有的预埋件、连接件在生产过程中定位不牢固，生产完成后发现偏位，导致后续安装困难，影响结构安全，如图 8-4 所示。

（6）保护层厚度因为钢筋移动、模具变形或者减重泡沫块移位出现较大偏差。

（7）混凝土适应性差：由于预制构件生产用的混凝土数量少、频次高，对环境因素（高温、大风、下雨、降温等）更加敏感，如果生产运输过程把握不好，常常影响生产效率和产品质量。

预埋连接
螺栓偏位

▲ 图 8-4　混合结构的预制混凝土柱外露螺栓偏位

（8）重要预埋件的焊接、防腐检验证明缺失。

2. 预防其他出错和遗漏的措施

（1）认真进行图纸会审，根据经验着重查看容易出错的部位。

（2）做好生产和技术交底，并注意以下要点：

1）生产交底

①生产交底应当由生产负责人来讲解，全体生产人员参加。

②生产交底应当先理论再实践，采取课堂交底和现场实际操作相结合的方式。

③生产交底应当结合技术交底穿插进行，不要搞成"两张皮"。

④生产交底应当结合项目团队的反馈意见进行，在听取大家意见的基础上不断修正和完善生产方案。

⑤生产交底要在生产过程中多次、重复进行，尤其是有新人加入的时候。

⑥生产交底要做好记录，留底备查。

2）技术交底

①重要的技术交底要覆盖所有作业人员，包括技术、质量、生产等。

②技术交底要分工序、工种进行，每一个工人都要了解自己工序的工作要领。

③技术交底要结合工艺进行，不同工艺应当有针对性的技术交底。

④技术交底要经过现场操作校核无误后方为合格。

（3）模具进厂后要组织全面细致的验收，详见本书第 12 章。

（4）模具进厂安装完成后要组织设计、监理、生产、技术、质量等相关方进行模具验收，并进行首件制作。确认合格后才能投入批量生产。

（5）做好首件验收

首件验收是检验生产、技术准备工作的最后一关，过了这一关就将进入正式生产阶段。如果首件验收发现错误或者遗漏，可以及时补救；如果首件验收不做或者做得不好，错误或遗漏就无法发现，将给后续的工作带来系统性的风险。

首件验收重点关注的事项包括：

1）构件的现场技术指标与设计的符合性，逐一核对混凝土强度、钢筋数量和型号等实际生产现场的技术参数，看是否与设计相符，此过程设计人员必须参加。

2）生产工艺参数与技术方案的符合性，逐一核对混凝土坍落度、振捣时间、养护时间等工艺参数是否与技术方案设定一致，如果不一致，找出原因解决。

3）工人、工具、设备、场地的适应性，看是否达到预期目标。

4）生产流程的顺畅性，主要是看生产、技术、质量、设计、监理等各环节是否实现了有效衔接与合作。

5）技术资料是否明确，针对本项目的资料清单以及需要填写的内容，需要提供的份数是否已经清楚。

6）产品质量验收，包括首个产品的验收标准、外观、实测实量、力学性能是否已经满足设计和规范要求。

（6）组织好培训

制度建立之后要进行贯彻落实，首先就是要做好制度的培训。在各类培训中，目前最薄弱的环节是工人培训。培训要结合产业工人的特点，制定翔实的培训计划，采取灵活有效的培训形式，以达到培训的目的。

（7）进行检查考核

生产管理的一个重要工具就是有效开展现场检查，通过"PDCA"循环不断地优化生产过程，实现生产经营目标。

生产过程现场检查应重点关注以下事项：

1）生产资源配备情况。

2）技术方案、生产方案到位和交底情况。

3）质量标准、质量措施的到位情况。

4）一线人员技术交底和人员培训的到位情况。

5）原材料、半成品、成品的质量状况。

6）安全、环保和职业健康状况。

上述检查工作可以是定期，也可以是不定期；可以是专项检查，也可以是全面检查。

（8）做好记录、分析和总结

生产管理过程要具有可追溯性，各种记录必不可少。记录填写应真实、全面、准确，以利于发现问题并加以改进。在记录的基础上，进行分析、总结，并形成相关的分析报告，包括：

1）生产状况月度分析报告。

2）技术工作月度分析报告。

3）质量管理月度分析报告。

4）××项目执行情况分析报告。

5）××问题分析报告。

第9章
成本问题原因分析和控制措施

本章提要

高成本是影响装配式建筑是否能健康发展的关键环节，本章分析了高成本与浪费现象的原因，给出了减少窝工、降低模具成本、杜绝材料浪费、降低能源消耗和减少无效投入降低摊销费用的措施。

9.1 高成本与浪费现象及原因分析

构件生产中造成的高成本与浪费现象包括：窝工、模具成本高、原材料浪费、能源消耗高和无效投入等。

1. 窝工造成的高成本及原因分析

构件生产过程中窝工原因包括：

（1）原材料采购不及时，例如水泥、砂石料、外加剂、钢材、预埋件、套筒等，原材料未备齐或补充不及时是导致窝工的经常性原因。

（2）生产设备与生产工具损坏，例如生产模具、流水线、起重机、转运设备、振捣工具等损坏，或没有备用设备工具，或维修不及时造成窝工现象。

（3）计划安排不合理，为赶工期盲目增加人员而且组织不得当。

（4）设计或施工现场临时变更，突然增加某个构件中的预埋件或者其他预埋物（避雷设施、塔式起重机附着预埋件）。

（5）质量标准或生产工艺流程突然变更，特别是有装饰层或者彩色混凝土构件等待标准和工艺流程确认的变更发生。

（6）环境温度低。长江中下游地区的企业，春夏秋季节不采用蒸汽养护就可以一天一模，但是冬季生产车间没有取暖设施又没有蒸汽养护，就会有不能及时脱模而造成的窝工现象。

（7）生产订单不连续，造成活多工人不够用，活少负担不起工人薪资。

2. 模具造成的高成本及原因分析

模具造成高成本的原因：

（1）设计不合理

1）如图 9-1 中的独立模具完全可以在模台上加上边模就可以完成的模具，结果设计成独立模具增加了钢材的用量。

2）如图 9-2 中的模具设计不合理，脱模不方便造成生产效率低下。

（2）模具周转次数低，通用性差。

（3）生产计划不合理，造成增加模具赶工期，加大了模具成本。

（4）特殊产品或重复量少的产品投入的模具费用太高。

▲ 图 9-1　阳台板独立模具

▲ 图 9-2　窗口模具

3. 原材料浪费现象及原因分析

原材料的浪费现象及原因：

（1）设计上的不合理

1）例如有些楼梯的脱模和起吊安装使用的预埋件经过计算预埋 M18×250 的螺栓就可以，但是很多工厂或者设计院在深化阶段不去计算，不管楼梯大小全部采用 M20×250 的预埋螺栓而造成浪费。

2）外挂墙板下部预埋件设置重复以及预埋件设置过于保守，见图 9-3。图中预埋螺栓的锚固长度超长，既浪费了材料，也造成了生产预埋上的不便。

（2）三明治墙板生产环节保温材料不按照图纸排布，切割随意造成浪费。

（3）材料随意堆放（有些钢筋生锈不能使用）造成浪费。

（4）原材料领用制度不健全造成浪费（预埋螺栓领料过多到处乱丢）。

（5）混凝土量计算错误造成浪费。

▲ 图 9-3　设计保守的预埋件

（6）混凝土配合比过于保守造成浪费。

（7）钢筋下料不合理造成浪费。

（8）原材料不合格造成浪费。

（9）构件存放场地垫木没及时收集被车辆轧坏造成浪费。

4. 能源浪费现象及原因分析

能源浪费现象及原因：

（1）蒸汽管道输送距离过长，管道保温措施不到位。

（2）固定模台养护覆盖不严，保温不好。

（3）养护棚建设过高体积过大，造成蒸汽浪费（图9-4）。

（4）没有养护控制系统，长时间通蒸汽除了造成能源浪费，还容易造成构件裂缝。

（5）蒸汽管道中的阀门损坏导致蒸汽长时间流失。

5. 无效投入造成的高成本及原因分析

盲目无效的投入造成的高成本原因：

（1）固定资产投入过高

1）土地投入高，造成土地浪费（动辄几百亩土地）。

2）规划不合理，造成车间建设浪费（车间建设的高大上不适用）。

▲ 图9-4 养护棚过高

3）追求高大上的设备（不适合所生产的构件品种）。

（2）工艺流程设计不合理，生产路线不流畅。

（3）不了解市场而盲目投资，造成投资规模太大（有些工厂上5~6条生产线），产能严重过剩。

（4）对市场产品需求趋势不明确，造成建设的生产线不适用。

6. 其他造成高成本与浪费现象及原因分析

其他造成高成本与浪费的现象：

（1）管理不当造成的高成本

1）管理费用高，例如脱产管理人员过多，人工成本摊销高。

2）产品在存放阶段损坏，导致废品。

3）工期不合理，抢工期增加额外的模具、人员及设备等费用。

4）工具管理不当，经常损坏造成成本高。

（2）采购的桁架筋或者大直径的钢筋没有定量尺寸，例如都是9m长或者都是12m长，结果切割完剩余很多废料。

（3）布料机或料斗剩余的混凝土直接丢弃。

（4）因环保限产等增加的窝工费用与其他支出。

9.2 减少窝工的措施

窝工是造成制作成本中人工费偏高的根本原因，为解决这个问题，工厂在接到订单时应做好详细的生产计划，在实际生产中要根据实际情况及时调整生产计划，必要时可以采用劳务承包方式来降低人工成本。

1. 详细的生产计划

详见第 3 章第 3.4 节生产计划的编制内容、深度与实施要点。

2. 采取计件或劳务承包的方式

对于一些标准化的产品，例如楼梯、楼板等产品，可以采用计件或者劳务承包的方式从而减少窝工现象的发生。

9.3 降低模具成本的措施

模具对装配式混凝土的构件质量、生产周期和成本影响很大，是工厂生产中非常重要的环节。模具费用在预制构件中所占的成本比例较大，一般占构件制作成本的 5%～10%，甚至更高。因此降低模具成本特别重要。

1. 优化拆分设计

1）在设计阶段与设计院、甲方、施工单位协调，尽可能减少构件的规格型号。

2）通过标准化设计，提高模具重复利用率和改用率。

3）异形构件尽可能重复利用（构件不怕复杂，就怕不重复）。

2. 优化模具设计

1）根据每种产品的数量选用不同材质的模具。

2）合并同类项，使模具具有通用性。

3）设计具有可变性的模具，通过简单修改即可制作其他产品。例如生产墙板的边模通过修改，可以生产出不同规格的墙板；柱子模具通过增加挡板可以生产出高度不一样的柱子。

4）门窗洞口的模具可以采用钢木组合模具，见图 9-5。

▲ 图 9-5 组合模具

5）模具应具有组装便利性，例如楼梯的边模可以用轨道拉出来，省去了组装模具时对起重机的依赖，从而降低设备和人员的成本，见图9-6。

3. 合理的生产计划

根据生产进度及时调整模具计划，使模具能够均衡生产。

4. 特殊构件采取特殊措施

生产数量少的构件可以采用木模（图9-7）或者混凝土模（图9-8）等低成本模具。对于定型成品，以及数量多的产品采用钢模。

▲ 图9-6 带轨道的楼梯模具

▲ 图9-7 楼梯木模

▲ 图9-8 混凝土模具

9.4 杜绝材料浪费的措施

虽然PC构件在工厂生产阶段材料降低消耗方面可降低的空间不大，但是在原材料管理上采取一定的措施杜绝浪费，还是能为降低成本赢得一定空间的。

1. 详细的材料计划

（1）根据图纸定量计算出所需原材料。

（2）在使用原材料时按照计划去领用，不能多领，特别是一些小的预埋件如果多领，很容易被随手丢弃在生产车间不起眼的角落而造成浪费。

（3）如果有不同的项目同时生产，就要区分开每个项目使用的材料配件，防止混用。

（4）杜绝大材小用，例如图纸设计是小直径的钢筋，工人随手使用了大直径的钢筋。再如设计是M16的预埋螺母，种种原因实际生产中采用了M20的螺母。

2. 严格生产管理制度

（1）建立健全原材料采购、保管和领用制度。避免因采购错误、保管不当等而造成的浪费。

（2）对常用的工具、隔垫等材料建立好管理制度，避免损失浪费。

（3）减少材料随意堆放造成的材料浪费，尤其是钢材一旦生锈严重就无法使用。

（4）带饰面、保温材料的预制构件要绘制排版图，工厂应根据排版图加工各种饰面材料。

（5）减少搬运过程对材料的损坏。

（6）通过严格的质量管理制度降低原材料的废次品率。

（7）及时收集装完车散落的隔垫材料，防止车辆轧坏。

（8）跟车隔垫的木方等材料应要求运输司机及时运回工厂。

（9）材料存放管理要有标识，方便领用，杜绝仓库有库存还大量采购的现象发生。

3. 合理利用剩余原料

（1）有自动计量系统的布料机和搅拌站能够自动计量构件所需要的混凝土；没有自动计量系统的，宜连续性浇筑，避免浪费混凝土。

（2）下班前或者浇筑结束时布料机、布料斗剩余或挂边的混凝土可以做一些小型构件，例如路缘石、车挡等。

（3）使用合理的工器具。

（4）定量地浇筑混凝土。

（5）使用自动化设备加工钢筋，采用盘圆钢筋减少线材不合理的尺寸。

（6）充分利用钢筋下脚料，例如用于制作预埋件加强筋。

（7）采用人工方式加工钢筋时，技术人员和操作工人要读懂钢筋图纸以减少不必要的出错。

（8）按照生产计划数量下料、成型，减少浪费。

（9）及时清理散放的钢筋头，无法利用的可以卖掉。

9.5　降低能源消耗的措施

能源消耗在工厂也是不小的开支，尤其是北方的工厂，须采用蒸汽养护，车间冬天要供暖。降低能源消耗也是降低生产成本。

1. 及时调整蒸养系统

（1）建立灵活的养护制度，通过自动养护系统及时调整蒸养时间和温度。

（2）在工厂设计布置能源管线时尽可能缩短运输距离，运输管道要做好保温措施。

（3）夏季根据外界温度的变化应科学缩短养护时间或者停止蒸汽养护。

2. 做好养护保温措施

（1）使用固定模台工艺或者立模工艺可以就地养护，做好构件养护覆盖保温措施。覆盖要有防水膜保水养护，有保温层及时覆盖，覆盖要严密不漏气。

（2）养护窑保温要好，且要进行分仓，养护温度应根据气温灵活调整，合适就好。

（3）必要时可以采用大棚保温的棉被或者稻草帘进行覆盖保温。

3. 集中养护

（1）构件应集中养护，例如异形构件阳台板、空调板等小型构件浇筑完成后最好集中在一个地方养护，以减少能源消耗。

（2）生产线养护窑应分区域独立养护，降温时可以把多余的热量送到别的区域。

4. 调整混凝土配合比

（1）调整混凝土配合比，通过添加早强剂的方法提高混凝土早期强度，从而减少蒸汽养护。

（2）提高混凝土强度等级，例如 C30 的混凝土可以提高到 C35 或者 C40 以提高早期强度。经事先定量比较成本增量，以分析是否合算。

5. 分时段生产

有些工厂采用电锅炉，可以考虑分时段进行养护，在用电低价的时间段进行蒸汽养护。

6. 合理利用太阳能

（1）利用太阳能养护小型构件，特别是被动式太阳能的利用。最简单的方式就是在太阳能养护房朝阳面设置玻璃棚加蓄热墙。

（2）蒸汽养护也可以采用太阳能系统。

9.6 减少无效投入降低摊销费用的措施

为降低生产企业的固定成本，企业在建厂初期应做合理的规划。选择合适的生产工艺、设备等从而减少固定费用的投入。

1. 合理设计生产工艺

（1）根据市场的需求和发展趋势进行产品定位，可以做多样化的产品生产，也可以选择专业化生产一种产品。

（2）确定适宜的生产规模，不宜一下子铺得太大，可以根据市场规模逐步扩大生产。

（3）选择合适的生产工艺，不盲目地以作秀为目的选择生产工艺。要根据实际生产需求来确定生产工艺，要从经济效益和生产能力等多方面考虑。目前世界范围内适合自动化生产线生产的构件品种也是非常少的，能适合国内结构体系的构件就更少。流动线也是，并不是一个必须的选项。

（4）合理规划工厂布局，节约用地。借鉴有成功经验的工厂，多调研咨询。

（5）制定合理的生产流程及转运路线，减少产品的转运工作。

2. 根据产能选购生产设备

（1）选购合适的生产设备，根据设计产能计算出每天的产能然后采购符合实际产能的生产设备。

（2）根据需要选购合适的设备。比如没必要所有的车间行吊都选择 10～20t 的，应根据工艺需要，钢筋加工处配置 5t 行吊就能满足生产的需要。

3. 项目分阶段建设

在早期可以利用社会现有资源就能启动，租厂房、购买商品混凝土、采购钢筋成品等。如图 9-9、图 9-10 日本临时加工工厂及紧凑的生产车间；用量较少的特殊构件不应当作为建设工厂的依据，如果有需要完全可以利用室外场地加上临时活动厂棚的方式来进行生产，投资也不大。

▲ 图 9-9　日本临时建设的塑料棚车间

▲ 图 9-10　日本窄小紧凑的生产车间

第10章
常见安全问题与预防措施

本章提要

本章列出了预制构件工厂在生产环节中的常见安全问题，分析了其原因，并给出了具体的预防措施。

10.1 常见安全问题及原因分析

预制构件厂常见安全问题有设备故障的原因、管理不善的原因、工人违章作业的原因、规划不合理造成的原因等，以下列举常见安全问题并进行分析。

1. 设备与设施隐患问题及原因分析

常见设备与设施隐患问题及原因。

（1）起重设备作业中吊运的物件突然坠落，或碰撞伤人

1）吊索吊具设计强度不够，或者老化造成突然断裂。

2）吊钩没有挂好突然脱钩。

3）构件强度不够，预埋件从构件中被拉出。

4）物品落地后不平稳，碰伤人或砸到脚。

（2）搅拌站设备伤人或安全事故

1）设备检修、维护或清理时没有及时断电，操作员在不知情的情况下启动设备。

2）维修或搬运设备过程方法不得当对人体造成伤害。

3）水泥或粉煤灰料仓除尘器发生冒顶事故，由于进料超过容量造成除尘器被顶出。

4）安全维护或安全设施不到位造成人身伤害。

（3）钢筋加工设备伤人

1）设备没有定期维护，突发故障。

2）检修过程忘记断电，设备突然启动伤人。

3）操作人员未正确佩戴和使用防护用品。

（4）生产线运转模台或码垛机伤人

1）感应开关损坏。

2）码垛机钢丝绳断裂。

3）操作人员违反安全规定进入危险区域。

（5）设备安全网或安全门损坏

安全防护网，安全门感应开关损坏。

（6）使用电动工具触电、伤人等事故

1）电动工具漏电。

2）手上带水操作工具。

3）电线插头老化。

4）角磨机在开机状态，突然插电瞬间伤人。

5）更换切割片、钻头时未断电，误操作突然通电瞬间伤人。

2. 违章作业问题及原因分析

（1）特殊工种未持证上岗造成的安全事故

1）起重机、叉车、铲车未持证上岗在作业过程中伤人。

2）门式起重机运行过程中没有警报，轨道附件作业人员被碰撞。

3）室外门式起重机未按规定停在指定位置，并且没有上锁造成大风将其吹倒等事故。

（2）使用电动工具触电、伤人等事故

1）电动工具漏电。

2）手上带水操作工具。

3）电线、插头老化。

4）角磨机在开机状态，突然插电瞬间伤人。

5）更换切割片、钻头等未断电，误操作突然通电瞬间伤人。

6）私接乱接电线。

7）为正确佩戴劳动防护用品（手套、防护镜及口罩等）。

3. 物流、人流、吊运交叉作业安全问题及原因分析

（1）叉车、铲车货车盲区伤人

叉车、铲车运行期间因存在视野盲区无法看到，经常碰到行人或碰倒产品伤人。

常见原因：

1）操作人员没有持证上岗或者没有经过安全培训。

2）操作空间狭窄，作业区堆放杂物。

3）操作人员麻痹大意。

（2）物流通道不畅通转运大型构件发生刮碰、撞人或撞物

1）通道被产品或其他物品占用。

2）工艺流程规划不合理。

4. 其他常见安全问题及原因分析

（1）模具倾倒砸到脚或腿。原因分析：模具没有固定架或没有按规定放置模板。

（2）钢筋绑扎、预埋件安装、模具组装过程划伤手。原因分析：未按照规定佩戴劳动防护用品。

（3）模台上作业滑到或绊倒。原因分析：喷涂完脱模剂后钢板面比较滑。

（4）切割、打磨物品时铁屑伤到眼睛。原因分析：未按照规定佩戴防目镜。

（5）蒸汽管道或蒸汽养护棚烫伤人员。原因分析：未按照操作规程规范作业。

10.2　设备与设施隐患排除措施

（1）按要求配置合格的吊索吊具。
（2）起吊前检查吊索吊具的安全性，应完整不得有损伤。
（3）起吊作业时，物品下方不能有人员或物品。
（4）操作人员应持证上岗，经过安全培训。
（5）作业期间须佩戴劳动防护用品。
（6）设备日常管理应设专人负责。
（7）建立健全设备管理制度，对设备定期维护保养，做好设备点检记录。
（8）制定安全操作规程，重点是吊运、模具组装、钢筋吊运、产品转运、存放、装车等环节。
（9）做好危险源的隔离和围挡。
（10）张贴危险标识。
（11）进行安全大检查，并填写检查记录表。

10.3　避免违章作业的措施

为避免违章作业，应切实采取如下措施：
（1）成立安全管理小组。
（2）特种设备须持证上岗。
（3）编制安全操作规程并张贴在工作区域，对操作人员进行培训。对违章人员进行处罚。
（4）列出安全防范风险源清单和防范措施并检查落实。

▲ 图 10-1　安全通道

10.4　避免物流、人流及吊运交叉的措施

（1）合理规划生产流水线，厂区车流、人流设计道路合理规划出安全通道，见图 10-1，确保安全通道畅通。
（2）合理规划生产区域，车间内分区并标识，模具、工具、材料临时存放时严禁占用安全通道。
（3）编制合理的生产工序流程，减少生产工序走回头路。

第11章
材料环节常见问题与预防措施

本章提要

列出了材料采购验收、保管中常见问题，给出了避免采购不合格材料、验收漏项及保管不当的应对措施。

11.1 材料采购、验收及保管中常见问题

材料采购、验收、保管中常见问题有：

（1）材料采购没有选用建设单位指定或设计指定或合约指定的原材料厂家或产品品牌。

（2）材料采购随意性大，采购了不符合国家、行业和地方标准的材料。

（3）材料不符合设计图纸的要求。

（4）水泥过期、钢筋生锈、骨料含泥量大等。

（5）材料进厂时没有检验验收，直接入库存放。

（6）水泥进厂时试验室没有取样检验，直接用于构件制作。

（7）材料保管员没有清点数量就直接验收入库。

（8）需检斤过磅的材料没有过磅就直接进厂。

（9）材料存放保管处没有设置明显的标识牌，造成存放混乱。

（10）须防潮防锈的材料如钢材、袋装水泥等保管存放没有采取合适的防潮措施，导致钢筋锈蚀或水泥结块。

11.2 避免采购不合格材料的措施

为避免采购不合格的材料，应采取以下措施：

（1）由工厂技术部门根据图纸要求、规范规定、用户需求，把所需要采购材料或配件的详细图样、品名、规格、型号、质量标准等，以书面的形式提交给采购员。

（2）对于设计或者用户指定品牌或指定厂家的，须明确标注出来。

（3）在选择材料与配件供应厂家时应选择可信赖的厂家，不能到市场随意购买，新材料采购选择品牌与厂家时，须以技术人员为主。

（4）对于某些特殊材料，如水泥、外加剂等，在大批量采购之前，应事先索要样品进行试验，试验合格后再进行常规采购。

（5）对于有着稳定合作关系的长期供货商，应列出定期或不定期的考察、复核的计划，以免失控。

11.3　避免验收漏项的措施

避免验收漏项的措施有：

（1）对照采购清单，核对品名、厂家、规格、型号、生产日期等。

（2）对进货数量要进行核对。

（3）加强材料验收环节的管理，材料到货后，应由技术部门、试验室、材料保管员等相关部门一起进行验收。验收时应根据验收的要求，对实物验收、试验验收、资料验收等各个环节严格把关。

（4）针对采购材料的质量标准和验收标准，要对采购员、保管员、验收人员进行技术交底和培训，并留存培训记录以备查，材料验收详细清单与标准应制作成微信文件传至每个参与验收的人员。

11.4　避免材料保管不当的措施

避免材料保管不当的措施有：

（1）材料存放保管要分类分区存放。

（2）灌浆套筒、金属预埋件等钢材质配件，要存放在干燥、防潮的仓库中，由保管员统一保管，避免丢失。

（3）散装水泥应存放在水泥仓内，仓外要挂有标识，标明进库日期、品种、强度等级、生产厂家及存放量等。避免不同等级的水泥或粉煤灰误存到同一仓内，如图11-1。

（4）外加剂、脱模剂、修补液等液体材料要有明显标识、产品名称、生产厂家及生产日期等。存放在室内最佳，防止暴晒，冬天要存放在温度高于5℃以上的环境内，起到防冻作用。

（5）夹芯保温材料要存放在防火的区域，存放处配置灭火器。

（6）石材、瓷砖等装饰材料要存放在通风干燥的环境内，注意防潮、防污染。要分类型

▲ 图 11-1　散装水泥存放

存放，并标有标识，需码垛存放的要注意码放的层数。

（7）保管员要做好出入库记录与统计，避免出入库数量混乱。

第 12 章
模具环节常见问题与预防措施

本章提要

　　列出了模具设计与制作、模具重复利用或改用模具存在的问题，给出了一些具体的实例照片，分析了问题原因，并对所列问题给出了预防措施和处理方法。

12.1　模具设计与制作常见问题与预防措施

12.1.1　模台平整度问题

1. 固定模台平整度超标问题

（1）问题描述

　　固定模台投入使用一段时间后，平整度往往会超标，误差能达 2mm 以上。图 12-1 为用水准仪检查模台平整度。

（2）原因分析

　　在构件制作过程中，固定模台下侧的搁置点，因震动等原因导致了下部支撑松动，模台结构受力不均，发生了挠度变形见图 12-2。

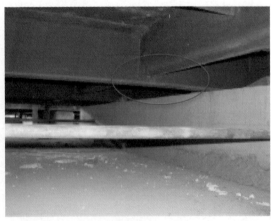

▲ 图 12-1　模台调整平整度

▲ 图 12-2　模台支撑部位

（3）预防措施和处理方法

1）模台应具有足够的强度、刚度和整体稳固性，面板厚度不应小于 10mm，可参照不变形的模台确定肋板间距。

2）固定模台骨架应有良好的平整度，平整度用 2m 靠尺和塞尺检查，平整度误差不宜超过 2mm。

3）固定模台安装前，必须对下部支撑进行调平，如采用钢制垫片应焊接固定。

4）固定模台与地面接触处置设置紧固装置，防止移位和受到扰动。

2. 流动模台平整度超标问题

（1）问题描述

流定模台使用一段时间后，平整度误差往往超过允许范围，难以满足预制构件的精度要求。

（2）原因分析

由于流动模台受力状况较复杂，加工制作过程的措施不到位等原因，极易造成模台发生变形。

（3）预防措施和处理方法

1）模台应具有足够的强度、刚度和整体稳固性，可参照欧洲模台的面板厚度（10mm）和肋板间距（不大于 500mm）。

2）流动模台制作宜采用整体式的高精度铸造平台，平整度要求在 1mm 以内。欧洲的模台表面经过研磨抛光处理，表面光洁度能达到 25μm，表面平整度误差 3m±1.5mm。

3）平台焊接成型后，应经过高频振动消除内应力。

4）仔细检查平台的焊接质量。

12.1.2　模具的通用性较差

1. 问题描述

一套模具只能生产较为单一的构件，其他构件需另外配置模具进行生产见图 12-3 和图 12-4。

▲ 图 12-3　通用性较差的模具照片 1　　　　▲ 图 12-4　通用性较差的模具照片 2

2. 原因分析

有些构件模具因外形特殊，只能定制化设计。而有些模具可以做通用性考虑，但设计时未对构件进行统计归类，导致模具通用性较差。

3. 预防措施和处理办法

（1）在设计模具配置表前，对构件进行分类统计，同截面不同长的构件共用模具，靠端部模具位置调整长短；同宽不同高的梁也可共用模具。预制构件厂与模具厂应进行协同设计，兼顾预制构件的生产周期、周转次数和同类型构件模具的通用性。

（2）采用边模和台模移动、模具部件替换和组合拼装的方式尽可能设计出通用性强或者可部分通用组合的模具。

12.1.3 模具强度和刚度不能满足构件生产要求

1. 问题描述

模具在生产过程中，一开始或者生产一段时间后发生变形，不能满足预制构件的精度要求，见图12-5。

2. 原因分析

在模具设计时，凭经验设计，缺少受力计算分析，造成模具整体结构的强度和刚度不能支撑整个生产周期中各种荷载的冲击而发生变形。

3. 预防措施和处理方法

（1）模具设计时必须经过定量的受力分析计算，不能仅仅凭经验来决定。

▲ 图 12-5　模具强度和刚度问题照片

（2）可以运用有限元的分析软件，对模具各工况的最大载荷进行受力分析，不满足要求的，要进行结构优化，使其满足强度和刚度的要求，特别是刚度要求，并具有良好的使用性能。

（3）没有计算条件的工厂可借鉴同类构件未变形模具的板厚、肋板高度及间距。

12.1.4 组模和拆模工序占用了较多生产时间

1. 问题描述

组模和拆模工序繁杂，安装和拆卸花费大量时间，造成预制构件生产效率较低，如图12-6~图12-8所示。

▲ 图 12-6　装拆模具复杂

▲ 图 12-7　窗洞模组装方式错误

2. 原因分析

模具设计时，对组模和拆卸结构的顺序，未经过仔细考虑和优化，为达成构件造型而忽视了构件的生产效率。

3. 预防措施和处理方法

（1）模具设计应尽可能实现标准化、组合式和组拆作业的便利性。

（2）模具设计时宜请有经验的组模工讨论分模位置与连接方式。

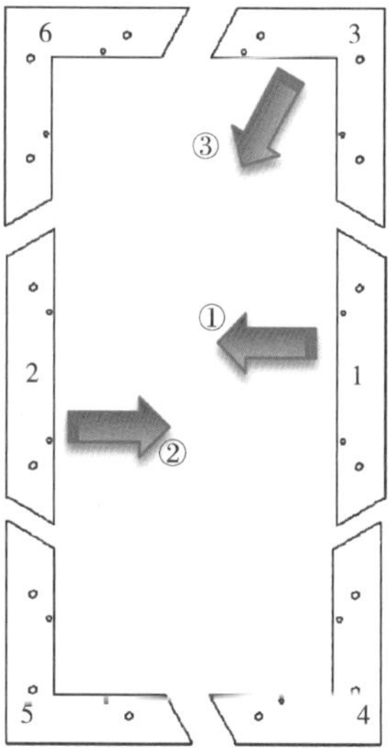

12.1.5　新模具制作的构件尺寸偏差

1. 问题描述

新模具制作的构件脱模后，几何尺寸与图纸设计严重不符，发生侧向弯曲、扭翘、内外表面平整度偏差较大等问题，严重时会影响结构安全和使用功能，见图 12-9。

2. 原因分析

模具制作过程中几何尺寸控制较差，模具的承载力、刚度及稳定性也存在问题。新模具生产前，未经过仔细验收或未经首件生产验收即投入使用。

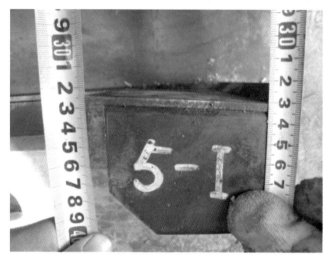

▲ 图 12-8　窗模分割、拆模顺序示意图

3. 预防措施和处理方法

（1）做好模具进场验收和首件检查，确保模具尺寸满足构件质量要求。

（2）对薄弱部位重点检查和分析，确保浇筑混凝土过程中，预埋部件不变形、不失稳、不跑模。

（3）验收过程中发现的问题及时整改，并再次经过首件生产检查后方可投入使用。

▲ 图 12-9　模具尺寸偏差

（4）构件制作过程中应定期检查模具的变形情况。

12.1.6　预埋件、预埋物、灌浆套筒、预留孔洞定位误差

1. 问题描述

预埋件、预埋物、灌浆套筒、预留孔洞定位误差超过允许规定，将导致多方面产生问题，如影响构件吊装和使用功能等，甚至危害结构安全的情况发生，如图 12-10～图 12-12 所示。

▲ 图 12-10 预埋件沉陷

灌浆套筒倾斜
钢筋无法就位

▲ 图 12-11 灌浆套筒倾斜

▲ 图 12-12 铝窗主框侧向弯曲变形

2. 原因分析

在模具设计时，未充分了解预埋部品的特性和使用功能，考虑不周全。

3. 预防措施和处理方法

（1）定位措施与预埋部品的特性相结合，必要时进行受力分析。

1）尽可能避免采用悬臂式工装架，以防产生变形和倾斜，见图 12-13。

2）大埋件做专项固定设计，如外墙挂板的承重埋件，见图 12-14、图 12-15。

3）铝窗定位示意图，可见图 12-16。

4）灌浆套筒定位示意图，可见图 12-17。防止导浆管集中布置到一侧，过于密集而影响混凝土对灌浆套筒的握裹，见前图 1-3。

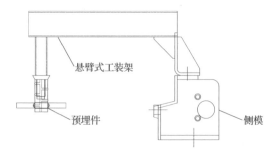

悬臂式工装架

预埋件

侧模

▲ 图 12-13 悬臂式工装架

▲ 图 12-14 外挂墙的承重埋件模具固定

▲ 图 12-15 外挂墙的承重埋件

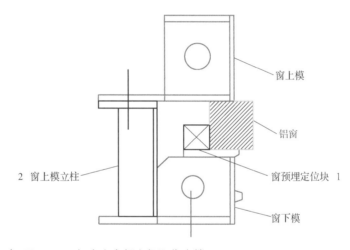

窗上模

铝窗

2 窗上模立柱

窗预埋定位块 1

窗下模

▲ 图 12-16 铝合金窗框主框限位支撑

1—定位块起定位、限位铝窗位移、变形的作用

2—立柱起定位窗上模、室内窗洞口阳角方正的作用,也防止铝窗上浮

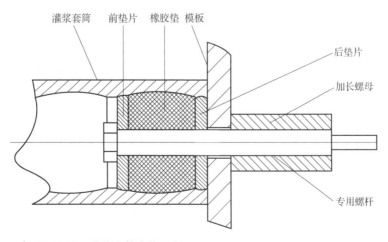

灌浆套筒 前垫片 橡胶垫 模板

后垫片

加长螺母

专用螺杆

▲ 图 12-17 灌浆套筒定位示意

5）预留机电管线的定位措施，为防止倒泛水的预留孔洞内模示意可参见图 12-18~图 12-20。

（2）作业人员按操作规程开展生产工作。

（3）设置"浇筑令"制度，做好隐蔽部位的验收工作。

（4）定期复查模具状况，如发现有问题应及时进行整修工作。

▲ 图 12-18　外墙机电预留穿管洞口留设

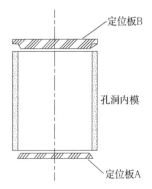

▲ 图 12-19　外墙预留孔洞预埋模具定位措施

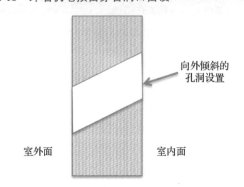

▲ 图 12-20　外墙预留管道孔防水设置

12.1.7　框式组合模具变形

1. 问题描述

框式组合模具，如门、窗洞口内模，是由多个部件组合而成的。使用一段时间后容易发生变形，导致构件出现洞口周边缺棱掉角、阳角不方正和漏浆等问题，见图 12-21 和图 12-22。

2. 原因分析

模具设计时，对装拆结构和顺序，未经过仔细考虑和优化，只考虑了构件造型而忽视了组模的便利。

3. 预防措施和处理方法

（1）模具设计应重点考虑内框模具组模拆模的便利性，技术人员应与有经验的模具工协同设计。

（2）内框模具设置一小段"关键模"，拆下后其他模具即容易拆卸，参见图 12-8。

（3）模具与平模台间的螺栓、定位销等固定方式应可靠牢固，防止混凝土振捣成型时造成模具偏移和变形。

▲ 图 12-21　框式组合模具

（4）对生产方进行模具使用技术交底和作业示范。

1）应定期检查侧模、预埋件和预留孔洞定位措施的有效性。

2）防止工人随意改变组模流程，只考虑拼装速度而少装、漏装螺栓和定位销，导致紧固体系失效。

3）应采取防止模具变形和锈蚀的可靠措施。

4）停产后重新启用的模具应经检验合格后方可使用。

▲ 图 12-22　框式组合模具变形

12.1.8　构件脱模后的垂直度超标问题

1. 问题描述

带栏板的阳台板、空调板等 L 形构件，要求混凝土栏板和水平垂直。而在实际制作中，通常难达到规定的要求，见图 12-23。

2. 原因分析

在模具设计时，对垂直度控制没有采取切实有效的解决方案，侧模未形成三角形的稳定结构状态，导致混凝土成型后侧模发生偏转，脱模后构件垂直度超标。

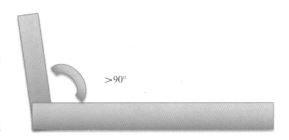

▲ 图 12-23　L 形构件的垂直度问题示意

3. 预防措施和处理方法

优化模板的设计方案，确保模具有合理的构造和刚度，如图 12-24 和图 12-25 所示，在侧模一侧增加三角形斜撑，以确保模具结构稳定，不发生移位。

▲ 图 12-24　侧模增加斜撑调节杆

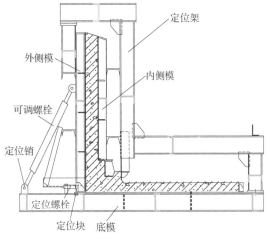

▲ 图 12-25　钢模三角形稳定结构状态

12.1.9 预留有伸出钢筋的边模脱模困难

1. 问题描述

带有伸出钢筋的构件边模，构件成型后边模较难拆除，很容易造成缺棱掉角，见图 12-26~图 12-30。

2. 原因分析

对于预留有出筋的构件，边模上预留的出筋孔、槽口因钢筋偏向一侧，脱模时容易卡住模板，往往会造成脱模困难。

▲ 图 12-26　构件伸出钢筋部位损坏

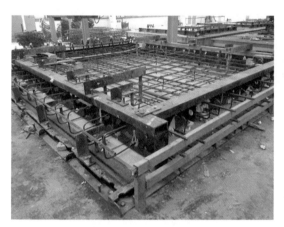

▲ 图 12-27　外墙模具伸出钢筋部位

▲ 图 12-28　预制柱模伸出筋部位

▲ 图 12-29　预制阳台伸出钢筋

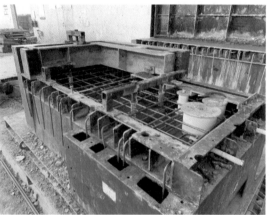

▲ 图 12-30　阳台模具伸出钢筋部位

3. 预防措施和处理方法

对于预留有伸出钢筋的构件，在出筋处预留孔洞，一方面为了让钢筋伸出构件，另一方面也便于对钢筋进行精准定位。可考虑采用以下几种处理方式。

（1）设置穿芯式定位橡胶塞的方式，参见图 12-31。

（2）封堵出筋孔的橡胶圈方式，参见图 12-32。

（3）边模出筋孔附加钢板的方式，参见图 12-33。

（4）出筋处留设槽口，用卡片式橡胶封堵的方式，参见图 12-34。

▲ 图 12-31　穿芯式定位橡胶塞

▲ 图 12-32　封堵出筋孔的橡胶圈

▲ 图 12-33　模具出筋处附加钢板

▲ 图 12-34　卡片式橡胶封堵

12.1.10　模具作业的便利性和安全性考虑

1. 固定模台工艺模具

固定模台工艺模具是固定不动的，作业人员在各个固定模台间"流动"。模具设计时有以下几点须特别注意：

（1）模具在满足强度和刚度的前提下，宜尽可能地选用标准化和轻量化部件，避免烦琐的配套工具和沉重的模具组件，给模具装拆带来不便。

（2）较重的模具应根据重心计算来布置吊环或吊孔。

（3）独立立式楼梯、内墙立模、柱子立模等窄高型的模具宜设置临时上下楼梯、操作台和安全围栏。

（4）可设计带活页连接、翻转式、推拉式的边模，以减少对起重设备的占用，同时也便于作业。

（5）模具裸露在外的加肋板宜做成圆角，防止模具边角尖锐伤人。

（6）窄高型模具应进行专项重心设计，充分考虑各种工况，应有防止失稳、倾覆的可靠措施。

2. 流动模台工艺模具

模台在各个工序间"流动"，专人定岗操作每一台设备。模具设计时应注意以下几点：

（1）模具设计要便于装拆，以减少下道环节的等待时间。

（2）应有便于放置钢筋和预埋件的措施，以减少安装就位带来的调整时间。

（3）应有人工辅助装拆模具的可靠措施。

12.2 模具清理、组装常见问题与预防措施

12.2.1 模具拼缝不严

1. 问题描述

混凝土浇筑时，模板拼缝处，或模板四周出现大量的漏浆，造成构件脱模后产生比较厚的混凝土毛刺或混凝土飞边，见图12-35和图12-36。

▲ 图12-35 模具组装不良导致边口混凝土较厚

▲ 图12-36 模具拼缝问题引起构件飞边

2. 原因分析

模具清理不到位，边模和模台之间有间隙；或模具年久失修，造成严重变形，拼缝不严，使构件产生毛刺和飞边。这些都会直接影响构件的外观质量，有的甚至会影响构件的外观尺寸，造成构件安装困难。

3. 预防措施和处理方法

（1）模具制作环节

1）模具设计和制作时，应合理选材，严格控制各细部尺寸。

2）对模具进行定期检查，对存在问题的模具，及时整修，验收合格后方可投入使用。

（2）做好模具清理工作，尤其是边角、拼缝处的清理。

（3）做好作业交底和培训工作，防止作业人员硬敲硬拽，导致模具变形，构件受损。

12.2.2　模具锈蚀影响外观质量

1. 问题描述

模台和边模锈蚀（图 12-37），特别是与构件接触的部位，已经锈出表面凹坑，严重影响了构件的外观质量（图 12-38）。

▲ 图 12-37　模具锈蚀　　　　　　　　　　　▲ 图 12-38　因模具锈蚀引起的外观缺陷

2. 原因分析

模具钢材与空气中的氧和水蒸汽发生了氧化反应，反复锈蚀导致模具锈点、凹坑日趋严重。

3. 预防措施和处理方法

（1）模具制作

1）模台制作时，应选用未生锈的优质型钢或钢板，并涂装保护层。

2）边模制作时，选用铝材、混凝土、玻璃钢、硅胶、木材等材料用于模具制作，可避免模具产生锈蚀。

3）不与混凝土直接接触的模具部位，进行防锈涂装处理，见前图 12-3 和图 12-4，并确保涂装质量。

（2）做好模具清理工作。

（3）定期进行模具保养。

12.2.3　边模侧向弯曲变形超标

1. 问题描述

带有高肋的构件，片式边模变形极易造成构件侧向弯曲超过规定值，见图 12-39 和图 12-40。

▲ 图 12-39　边模侧向弯曲变形一

▲ 图 12-40　边模侧向弯曲变形二

2. 原因分析

由于侧模有一定的高度，长度又比较长，模板设计时，模具的开口部位都应设有定位架。如果作业人员未按要求安装定位工装架，或边模和工装架已变形不能就位，则极易导致构件侧向弯曲超标。

3. 预防措施和处理方法

（1）构件外侧立面上高度较高的边模应设置斜支撑，支点宜设置在高度方向的 2/3 处，另一侧边模宜设置可靠的横向加劲肋。

（2）模具开口部位应设置横向拉结措施，见图 12-41。

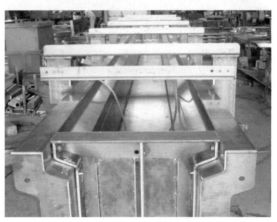

▲ 图 12-41　模具开口部位横向拉结定位架

12.2.4　拆模时引起的构件损坏

1. 拆模时造成构件损坏

（1）问题描述

混凝土已经达到了脱模强度，边模拆除时，发生了混凝土开裂和脱落的情况，见图 12-42。

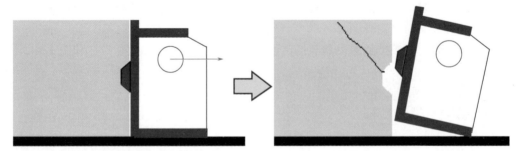

▲ 图 12-42　边模拆除后的构件损坏示意图

（2）原因分析

模具设计时未考虑拆模方向和角度，边模拆除过程中，构件局部受力不均引起损坏。

（3）预防措施和处理方法

1）模具设计时，考虑边模拆除时可能存在的夹角，应在脱模拉力的中心处设置肋板上的预留操作孔。

2）重视对操作人员的技术交底，对模具的使用要求务必要讲深讲透，最好结合多媒体或实地示范操作进行讲解。

2. 拆模时模具不能分离引起的构件损坏

（1）问题描述

带凸窗的构件，或带线条的构件，构件脱模时，虽然螺栓、定位销都已拆除，但构件还是很难和模具分离，严重的会造成模具和构件同时吊离台面，有的甚至造成构件损坏严重。

（2）原因分析

模具设计时未考虑拆模方向和角度，边模拆除过程中，构件局部受力不均导致难以顺利脱模。

（3）预防措施和处理方法

1）模具设计时，没有考虑足够的脱模斜度，造成构件卡在模板中不能松动脱离。在不影响外观美感和安装尺寸要求的前提下，易设置较大的脱模斜度，以 1∶8 为宜且不小于 5°。

2）模具制作过程中，细节处理不到位。如楼梯防滑条焊接与面板间隙过大，就会导致楼梯

▲ 图 12-43　楼梯防滑条焊接与面板间隙过大

▲ 图 12-44　楼梯防滑条间隙大

防滑条间隙过大，从而使拆模时防滑槽受到破坏，见图 12-43 和图 12-44；如果台模面板拼接处存在错台，也会对构件脱模起吊造成阻碍，导致拆模困难，见图 12-45。这些问题均应从模具设计时就开始考虑，以避免面板或肋板对脱模造成阻碍。

▲ 图 12-45　台模面板拼接处面板错台

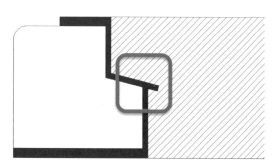

3）确保模具制作精度，如阳台构件阴角部位的模具的阳角过小，就易导致不能顺利脱模，见图 12-46。

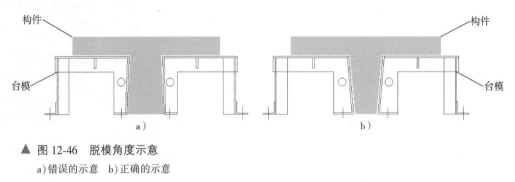

▲ 图 12-46 脱模角度示意

　　a）错误的示意　b）正确的示意

12.3　多次周转模具容易出现的问题及检查措施

多次周转模具指使用频率高、周转次数多的模具及长时间使用的模具。

12.3.1　多次周转模具容易出现的问题

（1）模具长时间、高负荷使用后，侧模、工装架易发生疲劳效应，出现拼缝不严、尺寸超差等问题。

（2）模具紧固、定位组件失效或缺失，拼接处脱焊，模具的刚度、强度和稳定性发生了变化。

（3）模具部件标识日渐模糊，给日常模具组装生产增加了难度。

（4）模具清理不及时、不到位，污染日趋严重。

（5）与混凝土接触的模具面板受到了磕碰损伤，构件外观质量将受到影响。

（6）模台平整度发生了变化。

12.3.2　多次周转模具容易出现的问题检查及应对措施

为减少多次周转模具发生上述问题，需从模具设计前端就开始考虑，编制模具配置方案和验收方案，并完善日常使用检查、维护和保养制度。

1. 模具设计要求

模具设计要考虑构件质量、作业的便利性及经济性，合理选用模具材料，尽可能减轻模具重量，方便人工组装和清扫。

模具除应满足承载力、刚度和整体稳定性要求外，尚应符合下列规定：

（1）应满足预制构件质量、生产工艺、模具组装与拆卸、周转次数等要求。

（2）应满足预制构件预留孔洞、插筋及预埋件的安装定位要求。

（3）预应力构件的模具应根据设计要求预设反拱。

2. 模具验收的内容、检查措施和质量要点

不合格的模具生产出的产品每个都是不合格的，因此模具质量是保证产品质量的前提。

（1）模具验收的内容

新模具安装定位后应仔细检查，试生产实物预制构件的各项检测指标均应在标准的允许误差内，方可投入正常生产。

1）模具的检查内容包括其形状、质感、尺寸误差、表面平整度、边缘、转角、预埋件定位、灌浆套筒定位、孔眼定位、伸出钢筋的定位及模台平整度等。

2）检验模具的刚度、组模后的牢固程度、连接处合缝的密实情况等。

（2）做好预埋件、预埋物、灌浆套筒、预留孔洞等验收

1）预埋件、预埋物、灌浆套筒、预留孔洞模具的数量、规格、位置、安装方式等应符合设计图纸的规定，固定措施准确可靠。

2）预埋件应固定在模板或支架上，预留孔洞设置牢靠的定位措施。

（3）首件验收制度

详见本章第 12.4 节。

（4）检查措施和频次

1）模具拼装前首先对模台做平整度检查，之后每周转 10 次检查 1 次。

2）新模具拼装后应对模具进行检查验收，同一形状的模具每周转 10 次检查 1 次。

3）日常生产检查，发现问题及时调整和整修，整修后重新按照首件验收制度复查合格后再投入使用。

（5）模具验收质量要点

1）模具制作后必须经过严格的质量检查并确认合格后才能投入生产。

2）一个新模具的首个构件必须进行严格的检查，确认首件合格后方可以正式投入生产。

3）模具尺寸的允许误差应当是构件允许误差的一半。

4）模具各个面之间的角度应符合设计要求，如端部必须与板面垂直等。

5）模具质量和首件检查都应当填表存档。

6）模具检查必须有准确的测量尺寸和角度，应当在光线明亮的环境下进行。

7）模具检查应当在组装后进行。

8）模具首个构件制作后须进行首件检查。如果合格，继续生产；如果不合格，调整模具再检查合格后方能投入生产。

9）首件检查除了形状、尺寸、质感外，还应当看脱模的便利性等。

（6）日常使用检查和维护制度

1）建立健全日常模具的检修、维护和保养制度。

模具应定期进行检修，检修合格方能再次投入使用。

2）模具经维修后仍不能满足使用功能和质量要求的应予以报废，并填写模具报废记录表。

12.4　重复利用模具容易出现的问题及预防措施

重复利用模具指老项目模具与新项目相适用和匹配、可重复利用到新项目的构件生产。

12.4.1　重复利用模具容易出现的问题

（1）老项目模具存放和保管档案不完整，模具部件不齐全。

（2）用于新项目的老模具，是否与新项目的设计图样、技术要求、质量要求相适应和匹配。

（3）老项目模具长时间存放和堆叠，因支垫位置不佳、通风不良等原因，出现了变形、锈蚀等问题。

（4）用于新项目的老模具，是否满足新项目的技术和质量标准，应按照首件检验的要求进行检查，并建立档案。

（5）是否对重新投入使用的模台进行了平整度检查。

12.4.2　重复利用模具容易出现的问题预防措施

（1）完善存放和保管档案制度，落实到人，防止部件缺失。

（2）根据设计图样要求，更新模具装配方案，并复核模具是否满足新项目的技术和质量要求。对不合格和不匹配项逐一排查和调整。

（3）老模具存放和保管应制订专项方案，拆模同时应做好清理和保养工作，并分类进行堆叠存放。

（4）结合新项目的设计图样要求、技术和质量验收标准，对项目模具进行首件检验，检验合格方能投入使用。对已经发生的模具变形、锈蚀等问题要重点把控，经整修复查仍不能满足要求的模具，严禁投入使用。

（5）新项目开始生产后，应定期开展模具复查工作。对新发生的问题及时进行整修和记录，整修后的模具要重新进行首件检验。

（6）首件验收制度

1）模具的组装检验制度。在新模具投入使用前，或老项目模具重复利用到新项目，或模具整修、变更后，工厂均应组织相关人员对模具进行组装验收，填写《模具组装检查记录表》并拍照存档，见表12-1。

表 12-1　模具组装检验记录表

工程名称：					
产品名称		产品规格		图纸编号	
				图纸编号	
模具编号		操作者		检查日期	

（续）

检查项目	检验部位	设计尺寸	允许误差	实际检测	判断结果		检查人	备注
主要尺寸	a				合格	不合格		
	b				合格	不合格		
	c				合格	不合格		
	d				合格	不合格		
	e				合格	不合格		
	f				合格	不合格		
	g				合格	不合格		
	h				合格	不合格		
	对角				合格	不合格		
	扭曲变形				合格	不合格		
	碴口				合格	不合格		

附图

定模平整度					结论：			
埋件位置					结论：			
套管情况					结论：			
固定情况					结论：			
签字	操作者	班组长	质检员	使用者	生产主管	检查结果		
						合格	不合格	

2）新模具、重复利用的模具或模具整修、变更后首个预制构件的检验。

新模具、重复利用的模具或整修、变更后的模具投入生产浇筑前，工厂应当组织相关人员对构件进行首件检验，填写《首件检验记录表》并拍照存档，见表 12-2。

表 12-2　首件检验记录表

工程名称：					
产品名称		产品规格		图纸编号	
				生产批号	
模具编号		操作者		检查日期	

（续）

检查项目	检验部位	设计尺寸	允许误差	实际检测	判断结果		检查人	备注
主要尺寸	a				合格	不合格		
	b				合格	不合格		
	c				合格	不合格		
	d				合格	不合格		
	e				合格	不合格		
	f				合格	不合格		
	g				合格	不合格		
	h				合格	不合格		
	对角				合格	不合格		
	扭曲变形				合格	不合格		
	其他				合格	不合格		

附图

表面瑕疵及边角棱情况		结论：	
埋件位置		结论：	
钢筋套筒设置情况		结论：	
保温层铺设情况		结论：	
检查结果			

签字	制作者	生产主管	质量主管	施工方	甲方

12.5 改用模具容易出现的问题及预防措施

改用模具指新旧项目的模具因重复利用需要或变更所需要进行的模具重新调整。

12.5.1 改用模具容易出现的问题

（1）模台或侧模的长度和高度不足。

（2）改用的端模固定和连接方式与现有模具不匹配，工装架等定位措施考虑不周，额外增加了较多的改模工作量。

（3）已生产成型的构件，改用规格较多，模板上的开孔数量多且模具拼接缝部位和漏浆痕迹明显，外观效果差。

（4）需要改用的模具，规格单一但数量少，改用的模具成本高，性价比低。

12.5.2　改用模具容易出现的问题应对措施

（1）改用模具应当由技术部设计并组织实施，全盘考虑钢筋、预埋件、构件造型、预埋物等其他方面的技术和质量要求，见图 12-47。

（2）配备改用模具的硬件设施条件，包括电焊机、角磨机、切割机、磁座钻、丝锥工具等。

（3）由专人负责模具的维修和改用，确保改用的模具满足设计图样的要求。

（4）改用模具应做好模具验收工作，并严格执行首件验收制度。

（5）模具设计时统一模具配置标准，最大限度地使用原有标准件，举例如下：

1）边模的斜支撑部件。

2）窗模的角部部件。

3）浆锚搭接孔模具，灌浆套筒、机电预埋管件及套管的定位组件。

4）统一埋件工装定位架的高度，考虑与改用后的模具相匹配等，见图 12-48。

▲ 图 12-47　改用模具照片

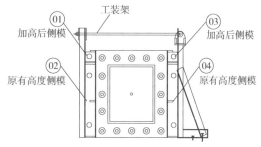

▲ 图 12-48　模具加高侧模和工装架示意

（6）模台长度不足时，有场地条件的可临时接长模台，应尽量利用现成的模具材料进行改用。

（7）端头或叠加高度的侧模以及工装架，需尽量考虑与现有模具的适用性和匹配性，减少改用模具的工作量。

（8）模具拼缝处理

1）拼接处应用刮腻子等方式消除拼接痕迹，并打磨平整。

2）模具的内表面应保持光洁，防止生锈。有生锈的地方应当用抛光机抛光。

3）组合式模具如果使用了吸水的材质，如木材，应作防水处理。

（9）模具孔眼封堵

堵孔塞是用来修补模台或模板上因工艺或模具组装而打的孔洞，用堵孔塞封堵后可以还原模板的表面，如图 12-49 所示。

（10）对于周转次数少、造型复杂、质感复杂的模具，需要改用的模具部件可结合其他材质材料来代替，如木材、聚苯乙烯、水泥基等材料，须综合考虑替代或局部拼接，组合使用。

▲ 图 12-49 塑料堵孔塞

第 13 章
钢筋、预埋件环节常见问题与预防措施

本章提要

　　列出了预制构件钢筋制作、钢筋骨架入模组装、套筒与预埋件入模定位、防雷引下线入模、保护层垫块安放等环节的常见问题，给出了预防及应对措施，并给出了钢筋、预埋件拥堵影响混凝土浇筑问题的预防与处理方法。

▌13.1　钢筋制作常见问题与预防措施

13.1.1　钢筋原材料进厂验收和存放环节常见问题

1. 问题描述

　　（1）钢筋进场时缺少出厂合格证，进场后验收部门未按规格、批量取样复试，或复试报告不全。

　　（2）钢筋混放，不同规格或不同厂家的钢筋混放不清，见图 13-1。

　　（3）钢筋严重锈蚀或污染，如图 13-2 所示。

▲ 图 13-1　钢筋混放

▲ 图 13-2　钢筋锈蚀

2. 原因分析

产生这些问题的主要原因有：

（1）钢筋进厂时，收料员没有核对材质证明。

（2）未及时按规定进行取样复试，或复试合格后的试验报告未及时存档。

（3）钢筋露天混放，受雨雪侵蚀或环境潮湿、通风不良影响，存放期过长，导致钢筋生锈。

（4）管理上虽有规章制度，但形同虚设。

3. 预防措施和处理方法

（1）钢筋进厂验收和复试环节问题的预防措施

1）钢筋进入仓库或现场时，应由专人检查验收，检查送料单和出场材质证明，做到证随物到，证物相符，核验品种、等级、规格、数量、外观质量是否符合要求。

2）到厂钢筋应及时按规定分等级、规格、批量等要求，取样进行力学性能试验。

3）复试取样或试验时严格按照技术要求操作。

4）试验报告与材料证明资料应及时归入技术档案存查。

（2）钢筋存放环节问题的预防措施

1）钢筋应存放在仓库或料棚内，保持地面干燥。

2）钢筋不得直接堆置在地面上，必须用混凝土墩、垫木等垫起，离地宜 300mm 以上，如图 13-3 和图 13-4 所示。

▲ 图 13-3　钢筋分类堆放　　　　　　　　▲ 图 13-4　钢筋半成品临时堆放

3）露天堆放时，应选择地势较高、地面干燥的场地，四周要有排水措施。

4）按不同厂家、不同等级、不同规格和批号分别堆放整齐，并建立标牌进行标识，每捆钢筋的标识应设置在明显处。

（3）钢筋锈蚀与污染的预防措施和处理方法

1）钢筋进厂后，应尽量缩短存放期，先进场的先用，防止和减少钢筋的锈蚀。

2）将钢筋表面的油渍、漆渍及浮皮、铁锈等清除干净，检验合格方能投入使用。

3）严重锈蚀的钢筋，如表面锈蚀出现脱皮、麻坑等情况，可通过试验的方法确定钢筋强度，确定是否降级使用或剔除不用。

13.1.2 钢筋加工环节问题

1. 问题描述

（1）钢筋下料前未将锈蚀钢筋进行除锈，导致返工。

（2）钢筋下料后尺寸不准、不顺直，切口呈马蹄状等，如图 13-5 所示。

（3）钢筋末端需作 90°、135° 或 180° 弯折时，弯曲直径不符合要求或弯钩平直段长度不符合要求。

（4）箍筋尺寸偏差大，变形严重，拐角不成 90°，两对角线长度不等，弯钩长度不符合要求，如图 13-6 所示。

▲ 图 13-5 钢筋不顺直

▲ 图 13-6 箍筋弯曲角度不准

2. 原因分析

（1）配料尺寸有误，下料时尺寸误差大，画线方法不对，下料不准。

（2）一次切断根数偏多或切断机刀片间隙过大，使端头歪斜不平（马蹄形）。

（3）弯钩平直段长度、弯曲直径等数据选择错误。

（4）箍筋成型时工作台上画线尺寸误差大，没有严格控制弯曲角度，一次弯曲多个箍筋时没有逐根对齐。

3. 预防措施和处理方法

（1）应对操作班组进行详细的书面交底，提出质量要求。操作人员必须持证上岗，熟识力学性能和操作规程。

（2）落实钢筋的翻样工作，认真计算确定钢筋的实际下料长度。

（3）钢筋批量断料、成型前，先试弯曲成型，做出样板，复核无误后，再批量加工。

（4）下料时控制好尺寸，调整好切断机的刀片间隙等，一次切断根数适当，防止端头歪斜不平。切断过程中，如发现钢筋有劈裂、缩头或严重弯头等问题时，必须逐一切除，将问题解决。

（5）箍筋的下料长度要确保弯钩平直长度，对有抗震要求的，平直段长度不小于箍筋直径的 10 倍且不少于 75mm，而且弯钩应呈 135°角。

（6）成型时按图样尺寸在工作台上画线准确，弯折时严格控制弯曲角度，达到 90°，一次弯曲多个箍筋时，在弯折处必须逐个对齐，弯曲后钢筋不得有翘曲或不平现象，弯曲点处不得有裂纹。

（7）钢筋加工过程中随时抽查自检，防止由设备原因导致的偏差。

（8）加强技术质量管理，加强过程控制，检查和操作人员都要认真履行职责。

13.1.3　钢筋的骨架尺寸偏差严重

1. 问题描述

钢筋骨架入模后，尺寸出现严重偏差，保护层过大或过小，有些钢筋的间距超过标准规定的要求。

2. 原因分析

（1）钢筋翻样时，钢筋外形下料尺寸不符合图纸的要求。

（2）钢筋半成品成型加工质量不合格，成型时骨架尺寸已经发生了变化。

3. 预防措施和处理方法

（1）为防止钢筋骨架尺寸偏差超过允许值，从钢筋翻样开始，就要引起高度重视，认真消化图纸内容，确保钢筋翻样准确无误。

（2）加强钢筋弯曲成型和钢筋骨架成型的质量控制，可采用高精度机械进行钢筋半成品的加工。

（3）钢筋骨架成型采用专门的钢筋尺寸定位成型架，钢筋绑扎或焊接必须牢固，参见图 13-7 和图 13-8。

▲ 图 13-7　柱钢筋绑扎定位架　　　　▲ 图 13-8　梁钢筋绑扎架

（4）对制作过程中发现的钢筋偏位问题，应当及时整改，没有达到标准要求的绝不能进入下一道工序。

（5）对已经形成的钢筋偏位，能够复位的尽量复位，确实无法满足结构要求的，必须进行返工重做。

13.1.4　人工制作钢筋的常见问题清单及预防措施

1. 人工制作钢筋的常见问题清单

（1）调直后的钢筋有局部损伤、弯折或不平直。

（2）钢筋下料尺寸偏差大，切断端头不平齐。

（3）钢筋余料多，浪费大。

（4）钢筋弯曲成型，几何尺寸不满足规范要求。

（5）钢筋绑扎时跳扎、漏扎，绑扎不牢固。

（6）绑扎扎丝过长，尾端裸露在构件表面形成锈点，见图13-9。

（7）成型后的钢筋骨架、网片不牢固，外观尺寸、钢筋间距偏差严重。

（8）未按图纸要求的主筋、箍筋和拉结筋等规格钢筋数量进行成型。

（9）预留孔洞周边未按设计和规范要求设置加强钢筋，见图13-10。

▲ 图 13-9　扎丝过长　　　　　　　　▲ 图 13-10　窗角未按要求设置加强钢筋

（10）钢筋骨架（网片）中主筋层级关系错误。

（11）加密区钢筋绑扎不规范。

（12）成型后的钢筋骨架直径、根数、规格不符。

（13）外委加工的钢筋半成品或成品出现批量错误等。

2. 人工制作钢筋的常见问题预防及应对措施

预防措施的控制重点是加强技术和质量管理，提高作业人员的操作水平和责任心。作业全过程相关人员应认真复核图纸，及时开展自查自纠工作。

（1）钢筋加工前应进行技术交底，制定钢筋加工方案，做好钢筋工的培训和考核。

（2）钢筋的品种与规格应符合设计图纸的规定。

（3）完整地绘制各种形状和规格的钢筋简图，对所有钢筋进行翻样。当外委加工的时候要提供图纸和要求，避免出错。

（4）进行试加工，加工后的首件钢筋半成品和成品应做首件检验，将首件作为参照样品。做好检验记录，形成检验程序，定期开展复查。

（5）人工组装钢筋骨架宜采用定型支架制作，或设置一些临时的加固措施，防止骨架变形。

（6）钢筋下料应合理组配，避免钢筋余料过长，尽量充分利用，减少浪费。

（7）制作过程中发现的钢筋问题，应当及时复查和整改，未达到图纸和标准要求的绝不能进入下一道工序。

（8）批量生产的较为单一的板式构件钢筋宜优先采用半自动化或自动化设备进行加工，以保证钢筋的加工精度。

13.1.5　自动化制作钢筋的问题预防及应对措施

自动化制作钢筋也可能存在本章第13.1.4节罗列的一些钢筋制作问题。无论采用何种方式加工钢筋，都必须对加工出来的钢筋进行全过程的质量检查，确保加工出来的产品是合格的。

此外，自动化制作钢筋尚有以下几个作业要点。

（1）首先进行钢筋试加工，检验合格方能批量生产。

（2）自动化加工过程中操作人员要随时抽查，防止机械有偏差。

（3）洞口和预埋物周边，有加强筋的要按图纸和规范要求采用人工辅助绑扎。

（4）自动化焊接网片钢筋连接处，焊接节点应平顺、牢固。

（5）加工好的钢筋要及时做好标识。

13.2　钢筋骨架组装、入模常见问题与预防及应对措施

13.2.1　钢筋骨架的主、副钢筋层级关系或组装顺序有误

1. 问题描述

（1）钢筋骨架的主、副钢筋层级关系反置或组装顺序错误导致返工。

（2）钢筋骨架或网片变形增加了作业难度，降低了工效。

（3）伸出钢筋导致了模具组装、拆除困难，如剪力墙的水平箍筋。

（4）混凝土成型后，外露钢筋受到了污染。

2. 原因分析

（1）钢筋有主要钢筋和构造钢筋（副筋）之分，它们都是结构的整体受力钢筋，但在结构中的位置是有区别的，不能重视了数量而忽视了质量。

（2）异形构件钢筋骨架绑扎成型时忽视了层级之分，导致局部返工。

3. 预防措施和处理方法

（1）翻样人员需将复杂的图纸简化成作业人员易于明白的图纸。

（2）复杂部位需附上作业详图，并标注出绑扎顺序。

13.2.2　钢筋骨架或网片吊运变形

1. 问题描述

钢筋骨架或网片吊运变形增加了作业难度，降低了工效，并且还会影响生产节奏。

2. 原因分析

（1）钢筋骨架或网片吊运变形导致钢筋骨架与模具干涉，无法入模。

（2）流水线生产工艺，因骨架变形所带来的大量调整时间，耽误了生产节奏。

3. 预防措施和处理方法

（1）钢筋骨架、网片在整体装运、吊装入模就位时，应采用多吊点起吊方式，防止发生扭曲、弯折及歪斜等变形。

（2）宜采用大刚度的吊架或辅助底模防止起吊骨架变形，如图 13-11 所示。

▲ 图 13-11　柱钢筋骨架起吊用刚性吊架

13.2.3　伸出钢筋部位模具组、拆困难

1. 问题描述

伸出钢筋部位模具组装、拆卸困难，容易引起模具变形和构件损坏，影响生产效率。

2. 原因分析

整排伸出钢筋如挑板式阳台的板筋或预制剪力墙的水平向箍筋，钢筋带肋部位与模具槽口交错咬合，模具难以剥离，强制拆除导致构件发生损坏。

3. 预防措施和处理方法

（1）模具设计时应考虑设置钢筋定位工装架。

（2）整排伸出钢筋可考虑采用塑料、橡胶、铁质堵孔塞，确保钢筋的位置精度，也便于模具组装和拆卸。

13.2.4　构件外露钢筋受到污染

1. 问题描述

混凝土成型后，构件外露钢筋受到污染，会影响将来混凝土对钢筋的握裹强度。

2. 原因分析

混凝土浇筑时，会不可避免地对叠合部位的外露钢筋造成污染，见图 13-12。

3. 预防措施和处理方法

（1）合理设置混凝土浇筑区域。

（2）及时清理外露钢筋上的混凝土残渣。

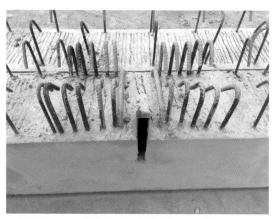

▲ 图 13-12　外露钢筋受到混凝土污染

（3）对外露钢筋进行遮盖保护，参见图 13-13 和图 13-14。

▲ 图 13-13　叠合阳台伸出主筋套管保护　　　　▲ 图 13-14　预制楼板叠合筋保护

13.3　套筒、预埋件、防雷引下线入模常见问题与预防措施

13.3.1　灌浆套筒入模常见问题

1. 问题描述

（1）灌浆套筒跑位、偏斜，影响钢筋对中连接。

（2）钢筋锚固长度不足。

（3）灌浆套筒内漏浆或堵塞。

2. 原因分析

因受到混凝土浇筑振捣的高频振动等影响，连接钢筋、灌浆套筒、注浆管、出浆管受到外力扰动而偏位、歪斜，甚至滑脱，导致一系列问题的发生。

3. 预防措施和处理方法

（1）锚入灌浆套筒的长度应满足设计要求。

1）钢筋无论是加工带螺纹的一端，还是待灌浆锚固连接的一端，都要保证端部平直。建议用无齿锯下料。

2）构件制作时，全灌浆套筒宜提前对锚入长度做好标记，以便于隐蔽工程验收检查。

3）半灌浆套筒的钢筋螺纹制作人员应持证上岗，确保加工质量。

4）螺纹接头和半灌浆套筒连接接头应使用专用扭力扳手拧紧至规定值，宜外露不少于1 个丝扣，便于检查。

（2）灌浆管和出浆管应紧密安装在套筒的灌浆孔和出浆孔上，并固定牢固，必要时可在孔口注胶粘接，防止脱落。

（3）套筒应垂直于模板安装，套筒与模板的连接采用专用固定组件，必须紧密、牢固，不得漏浆。

（4）混凝土浇筑前，做好隐蔽工程验收。混凝土浇筑后，及时复查灌浆套筒和连接钢筋状态，发现问题及时纠正。

13.3.2 预埋件放置位置偏差严重

1. 问题描述

预埋件（灌浆套筒、预埋铁、连接螺栓等）位置偏差过大，直接影响构件的安装，甚至给结构安全带来严重的影响，参见图 13-15 和图 13-16。

▲ 图 13-15　预埋件偏位　　　　　　　　　　▲ 图 13-16　预埋件倾斜

2. 原因分析

（1）预埋件未用工装架定位牢固。

（2）混凝土浇筑过程中预埋件跑位。

（3）预埋件在混凝土终凝前没有进行二次矫正。

（4）技术交底不到位，过程检验不严谨导致预埋件偏位。

3. 预防措施和处理方法

（1）根据预埋件具体情况，采用相应的固定措施并进行技术交底和过程检查。

1）灌浆套筒必须采用定位套件。

2）预埋件在深化设计阶段应用 BIM 技术进行构件钢筋之间、钢筋与预埋件预留孔洞之间的碰撞检查。

3）固定预埋件的措施应可靠有效，定期校正工装变形。

4）浇筑混凝土之后要专门安排工人对预埋件进行复位。

5）严格执行检验程序。对施工过程中发现的预埋件偏位问题，应当及时整改，未达到标准要求的不能进入下一道工序。

（2）对已经成型的预埋件偏位，测量准确数据后，根据不同情况分别处理。

1）提请设计和监理复核，在满足结构安全和使用功能的前提下，可否降低标准使用（让步接收），或者制定专项替代方案或补救方案。

2）确实无法满足结构或使用要求的，对构件做报废处理，返工重做。

13.3.3 防雷引下线常见问题

1. 问题描述

（1）防雷引下线接地电阻值超标，防雷验收存在问题。

（2）防雷引下线现场难以连接（焊接）闭环。

（3）用作防雷引下线的材料不符合要求。

2. 原因分析

（1）用作防雷引下线的铝窗铜编织带和镀锌扁钢（图 13-17）之间连接不牢靠，镀锌扁钢搭接时焊接不牢靠或焊缝长度不足，钢副框、栏杆埋件等其他防雷引下线连接节点也可能存在相同的问题。

（2）用作防雷引下线的接驳埋件错位、遗漏、伸出长度不足或引出位置偏移，现场难以施工。

（3）用作防雷引下线的材料有镀锌扁钢、圆钢、主筋、铜线等，其规格、直径、数量、防腐等技术参数不满足相关要求。

▲ 图 13-17　铝窗防雷引下线的连接方式

3. 预防措施和处理方法

（1）根据图纸技术质量要求，结合使用部位选择合适的引下线类型，用作防雷引下线的材料应满足相关规范的要求。

（2）根据图纸要求，结合钢筋翻样，避免钢筋和引下线接驳埋件碰撞，做好隐蔽工程防雷专项验收检查。

（3）仔细核对图纸中相关的技术参数要求，做好材料进场验收和复试。

13.4 保护层垫块安放常见问题与预防措施

1. 问题描述

预制构件脱模后，明显地看到钢筋裸露在混凝土表面，这种缺陷会影响构件的耐久性，埋下结构安全隐患。

钢筋保护层厚度过小或不合格，主要是由钢筋偏位导致的，必须进行处理。钢筋保护层厚度看似小问题，但一旦发生很难处理，而且往往是大面积系统性的，应当引起足够的重视。

2. 原因分析

（1）浇筑混凝土时，钢筋保护层垫块移位。

（2）垫块太少或漏放，致使钢筋紧贴模具导致外露，见图 13-18。

（3）垫块放置反了，见图 13-19。

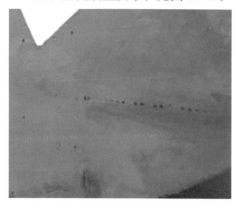

▲ 图 13-18　预制构件表面露筋

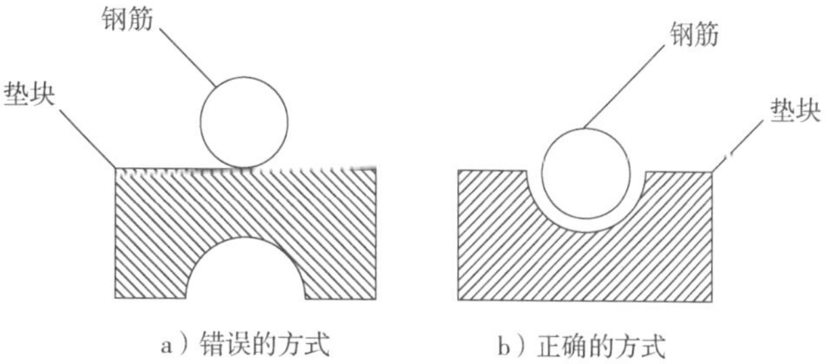

a）错误的方式　　　b）正确的方式

▲ 图 13-19　保护层垫块放置反了

3. 预防措施和处理方法

（1）明确钢筋的保护层厚度，选择合适类型和尺寸的保护层垫块。

（2）垫块位置设置准确，垫块要垫足而且要固定住。

（3）对挂在侧面的混凝土垫块要用铁丝绑扎牢固。特殊部位选用专门的保护层垫块，悬挂绑扎在钢筋上，防止脱落，见图 13-20。

（4）加强过程检查，发现问题及时整改。

▲ 图 13-20　马镫式保护层垫块

13.5　钢筋、预埋件拥堵影响混凝土浇筑处理程序

1. 原因分析

（1）因深化设计考虑施工需要做钢筋避让，局部钢筋较为密集，间隙小，影响混凝土浇筑，见图 13-21。

（2）栏杆埋件未综合考虑构件空间狭窄，导致埋件锚筋与钢筋骨架发生碰撞，如图 13-22 所示。

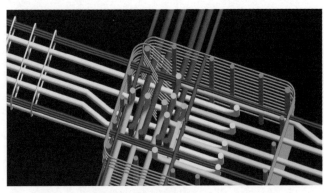

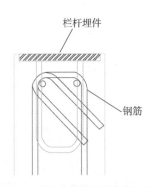

▲ 图 13-21　钢筋密集影响混凝土浇筑　　　　　▲ 图 13-22　栏杆埋件与钢筋发生干涉

2. 钢筋、预埋件拥堵影响混凝土浇筑的预防与处理措施

（1）在预制构件制作图消化、会审过程中要谨慎核对图纸内容的完整性，对发现的问题要逐条予以记录，并及时和设计、施工、监理、业主等单位沟通解决，经设计和业主单位确认答复后方能开展下一步的工作。

审图过程中除上述内容，还应重点注意以下问题：

1）构件脱模、翻转、吊装和临时支撑等预埋件设置的位置是否合理？

2）预埋件、主筋、灌浆套筒、箍筋等材料的相互位置是否会"打架"或因材料之间的间隙过小而影响到混凝土的浇筑？

3）构件会不会因预埋件、主筋、灌浆套筒、箍筋等材料的位置不当而导致构件开裂？

（2）发生预埋件与钢筋干涉的情况，应在遵循确保结构安全的原则下，优先保证预埋件尺寸位置精确，适当调整钢筋间距。确实有无法避开的情况时，应提请设计方和相关专业单位进行复核调整。

第14章
混凝土制备、运送常见问题与预防措施

本章提要

在预制构件的质量问题中，与混凝土制备和运送相关的问题占很大的比例，且可能造成严重的危害或重大的损失。本章列出了工厂混凝土制备、运送不当引起的混凝土强度低、施工性能差、混凝土离析和坍落度不能满足施工要求等问题，并给出了上述问题的预防及应对措施。

14.1 配合比设计、试验常见问题与预防措施

混凝土配合比设计过程中经常发生设计的配合比强度低、设计时坍落度选取不合理、设计的配合比不能满足实际构件制作需求以及设计配合比用的材料和实际使用的材料差异大等问题，下面逐一分析并给出预防措施和出现问题后的解决方案。

（1）设计的配合比不能满足脱模强度需求

造成后果：构件脱模时强度达不到脱模所需强度，造成生产延误、构件脱模时开裂（图14-1）、损坏甚至引发安全事故等。

预防措施：

1）根据常规的混凝土配合比设计流程进行设计的同时，应要考虑混凝土短期（一般为12~20h）内的强度增长；图14-1就是因脱模时混凝土强度不足而造成埋件被拉脱。

2）配合比设计时还应同时考虑生产工艺、天气温度、工期要求等各项因素。

（2）设计的配合比28d强度过低

造成后果：批次统计时构件混凝土强度

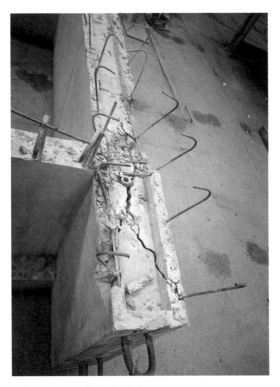

▲ 图14-1　构件脱模时开裂

合格率低，甚至造成构件报废。

预防措施：

1）严格按配合比设计规程进行混凝土配合比设计。

2）严禁套用经验数据或其他厂给的数据设计配合比。

3）配合比设计用材料应与生产用材料一致。

4）没有可靠的历史数据作支撑时，避免采用有早强性能的材料，如早强型外加剂等。

（3）设计配合比时坍落度选取不合理

造成后果：造成混凝土施工困难，严重时可导致混凝土离析（图 14-2）、空洞（图 14-3）等严重的质量问题。

▲ 图 14-2　混凝土离析　　　　　　　　▲ 图 14-3　混凝土空洞

预防措施：

1）配合比设计时应考虑构件的特性，如外形尺寸、截面尺寸、内部配筋密度等。如图 14-4 中的阳台类构件，在设计配合比时必须对混凝土坍落度进行专门考虑，否则极易出现内阴角振空的现象。

2）还应同时考虑制作工艺，特别是成型、振捣方式，并结合工人的作业习惯。

3）考虑使用的模具特性，钢模、木模或是硅胶模。

4）考虑产品对观感的特殊要求。

（4）采用经验数据造成混凝土质量失控

造成后果：混凝土稳定性差、质量不可控，轻则影响生产，严重时会造成质量安全事故。

预防措施：

1）配合比应根据产品需求、工艺要求、实际使用的材料等，严格按照配合比设计规程进行设计，严禁简单套用经验数据。

2）当有可靠的历史统计数据作支撑且所用的原材料性能基本稳定时，可采用本企业的历史配合比数据，但应在使用前进行验证并确保结果符合要求。

（5）设计配合比用的材料与实际生产用的材料差异过大

造成后果：影响混凝土的施工性能及质量，严重时可造成混凝土质量事故。

预防措施：

1）设计配合比的材料应采用生产用的常规材料，不得特殊化处理。

2）用于混凝土的原材料品种、等级及供应商等宜固定，不得频繁变动。

3）不得不换用与原材料差异较大的材料进行生产时，应在生产前进行试验，并根据试验结果对原配合比进行调整，保证施工性能及质量。

14.2　原材料制备常见问题与预防措施

在原材料制备环节经常会发生的问题有原材料质量不稳定、原材料存放不合理、没有按要求的比例进行制备等，下面详细叙述并给出对应问题的预防及应对措施。

（1）原材料质量不稳定

造成后果：制成的混凝土施工性能差、混凝土强度不稳定甚至不合格、混凝土生产成本增加。

预防措施：

1）每批次原材料进厂必须按规定抽样检验，各项指标应合格且与试配时的材料或上一批次的材料性能指标接近，发现偏差较大时，应按要求调整配合比，确保制备的混凝土性能满足要求。

2）各类材料的供应商及生产单位应进行合格评审并保持稳定。

3）根据季节及当地的建材供应历史经验，提前做好材料囤货，避免出现材料短缺。

（2）原材料存放不合理

造成后果：原材料变质、失效影响混凝土质量或造成混凝土生产成本增加。

预防措施：

1）各类原材料应根据各自特性制定合理的存放要求。骨料应按品种、规格、产地等分仓堆放，并宜在室内存放（图 14-4）；粉料类的如水泥、粉煤灰等应按品种、规格、生产厂家等在密闭的立罐内分罐存放，不得混装，且存放周期不应超过材料规定的有效期（图 14-5）；液

▲ 图 14-4　骨料分仓存放

▲ 图 14-5　粉料采用金属立罐存放

体外加剂如减水剂等应按品种、生产厂家等采用密闭的塑料容器分罐存放，且存放周期不应超过材料规定的有效期（图14-6）。

2）粉料类和液体类的材料，一旦超出有效期，应进行复检，合格后方可使用。

（3）原材料没有按要求的比例进行制备

造成后果：影响混凝土施工性能，可造成混凝土质量问题，严重时会导致混凝土强度不合格。

▲ 图14-6　液体外加剂采用金属立罐存放

预防措施：

1）原材料应严格按照试验数据进行制备。

2）制备原材料的方法应与试验时的方法一致。

3）当制备前的材料与试验的材料差异较大时，应重新试验。

14.3　配合比计量问题与预防措施

制备混凝土时因设备原因、操作原因或人为原因等造成各项材料计量超过允许误差，会直接影响混凝土的性能和质量，出现浇筑困难、强度不合格等。常见的配合比计量问题有：计量设备问题造成计量偏差大、加料不规范造成计量偏差大、随意手动加减配料造成实际配料与配合比不符等。

（1）计量设备问题造成计量偏差大

造成后果：严重影响混凝土性能和质量，造成批量混凝土强度失控。

预防措施：

1）原材料计量设备应按规定的周期进行校准，确保其性能合格。

2）计量设备在一个校准有效期内，应进行自校复核，确保计量偏差在允许误差范围内。

3）计量设备使用前和使用中，应加强检查和维护，发现设备有问题或称重部件存在卡阻应及时处理。

4）称重传感器维修或更换后，应对计量设备重新进行校准。

（2）加料不规范造成计量偏差大

造成后果：影响混凝土性能和质量，严重时可造成局部的混凝土强度失控。

预防措施：

1）原材料不得有较大的积块，如有积块应提前粉碎，避免瞬间落差过大造成计量超过允许误差。

　　2）计量设备料仓内的材料应确保连续，不得用尽，避免瞬间落差过大造成计量超过允许误差。

　　3）骨料计量设备料仓加料不得过多、混仓甚至溢出到输送带上（图 14-7）。

　　（3）随意手动加减配料造成实际配料与配比不符

　　造成后果：影响混凝土的性能和质量，造成混凝土施工性能不稳定、强度波动大。

　　预防措施：

　　1）搅拌站应严格按配合比控制用水量，严禁听从使用人员要求随意加水。

　　2）试验室应按要求抽测骨料含水率，当骨料含水率变化时应及时调整配合比。

　　3）试验室应对新进的水泥、减水剂等材料，及时检测其性能，并对应调整配合比。

▲ 图 14-7　设备料仓加料过多混仓

　　4）试验室应根据不同的产品类型设计相应的配合比。车间申请混凝土时应向搅拌站说明使用部位和浇筑的构件类型，搅拌站调用相应的配合比生产混凝土。

14.4　混凝土离析原因与预防措施

　　混凝土离析是混凝土制备中较常发生的问题，轻微的离析会造成混凝土浇筑困难，降低混凝土强度。严重的离析会使构件出现分层（图 14-8）、构件表面浆体包裹差、露砂石（图 14-9）、构件成型面浆体过厚产生龟裂（图 14-10）以及混凝土强度大幅下降造成不合格等。

▲ 图 14-8　离析造成混凝土分层

▲ 图 14-9　离析造成混凝土表面露砂石

（1）用水量过大造成混凝土离析

造成后果：水灰比变大，严重影响混凝土强度。

预防措施：

1）搅拌站应严格按配合比控制用水量，严禁听从使用人员要求随意加水。

2）应确保水计量设备的各项性能均正常，计量偏差在允许范围内。

3）手动配料状态下，拌机操作员应随时监控混凝土状态，补加水的时间和加水量应合适，不得在减水剂效应完全发挥前就一次性加水至坍落度符合要求。

（2）骨料含水率变大时没有及时调整造成离析

造成后果：实际水灰比变大，影响混凝土强度和施工性。

预防措施：

1）试验室应按要求抽测骨料含水率，当骨料含水率变大时应及时调整配合比。

▲ 图 14-10　离析造成表面砂浆层厚，开裂

2）骨料宜室内存放，室外存放时应加遮盖，避免雨淋。

3）进行含水率试验的样品取样时，取样方式应符合要求，能基本表征整批材料的含水率，不能仅从料堆的中上部取试样。

4）实际使用的骨料应与进行含水率测定的骨料一致，未测定含水率的新进骨料严禁直接使用。

5）露天搅拌设备的骨料仓应加遮盖，仓内骨料不得雨淋，见图14-11。

▲ 图 14-11　室外露天料仓应加遮盖

（4）混凝土运输方式不合理造成离析

造成后果：混凝土出现粗骨料与砂浆分离，造成操作困难，如不妥善处理则会造成混凝土强度不合格。

（3）材料发生变化时没有及时调整造成离析

造成后果：混凝土质量及施工性能变差，影响混凝土强度。

预防措施：

1）新进的原材料如水泥、骨料、外加剂等应先试验后使用，对于新进水泥的需水量、新进骨料的含水率和新进减水剂的减水率等指标不得漏检。

2）材料存放日久，存放期接近或超过有效期时，应取样复试合格，确保各项指标与进货时基本一致后，方可按原配合比使用。

预防措施：

1）混凝土坍落度应合理，坍落度设计过大极易产生离析，一般构件厂自用的混凝土坍落度以 80mm±25mm 为宜，建议最大不要超过 120mm。

2）混凝土从搅拌机放料至运送工具时的下料高度不得超过 2.5m，且应避免直落式下料。当无法避免时，可增加接口或斜溜槽（图 14-12）。

3）运送混凝土的工具尽量避免采用直立式的，运输距离尽可能短，最好采用自带翻拌功能的运输工具（图 14-13）。

▲ 图 14-12　下料过高应加斜溜槽　　　　▲ 图 14-13　有自动搅拌功能的混凝土罐车

4）当必须采用直立式料斗运送混凝土时，在混凝土入模前应进行二次翻拌，使混凝土均匀。

5）当运输途经室外道路时，运输的混凝土应有防日晒雨淋的措施，以减少对坍落度的影响。

6）对已经离析的混凝土，如属轻微离析，可经二次翻拌均匀后降级使用；如离析严重，则应废弃，不得使用。

14.5　坍落度不符合要求的处理办法

坍落度不符合要求，轻则造成混凝土施工困难，重则导致混凝土离析及强度下降。本节讲述坍落度过小或过大时易产生的问题及应对措施。同时，对坍落度不符合要求的混凝土给出了处理和解决的办法。

（1）坍落度过大易产生的问题及其预防

造成后果：混凝土漏浆严重，出现泌水（图 14-14）、离析（图 14-2）、强度下降，严重的可导致混凝土强度不合格，造成产品报废（图 14-15）。

预防措施：

1）砂石料宜室内堆放，如必须室外堆放，应在其上设棚或加遮盖；堆放砂石料的场地地面不得积水。

▲ 图 14-14 泌水

▲ 图 14-15 坍落度过大离析，产品报废

2）每天搅拌混凝土前，必须对砂石料进行含水率检测，并根据实际测得的含水率调整配合比。

3）搅拌时所用的砂石料必须是当天进行含水率检测的材料。

4）开始搅拌时，前几盘料宜手动多次加水至坍落度符合要求，不得一次加足水量。当用水量和坍落度基本保持稳定时，方可转到自动生产模式。

5）实际搅拌时坍落度宜取接近下限值来控制。

6）换用静置时间比较长的减水剂（水剂）时，使用前应充分搅拌，确保其均匀，避免底部有效成分沉积，减水效果远超正常值而造成坍落度变大。

（2）坍落度过小易产生的问题及其预防措施

造成后果：施工困难，容易出现蜂窝（图 14-16）、孔洞、露筋（图 14-17）等，严重时会造成产品报废。

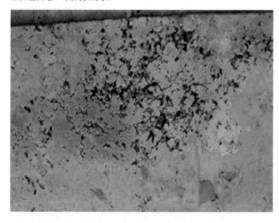

▲ 图 14-16 坍落度过小造成蜂窝

▲ 图 14-17 坍落度过小造成露筋

预防措施：

1）下料前先从监控上观察一下物料的情况，有条件的，可以先下一小部分料，确认坍落度合适后再正常下料，坍落度过小的话就适当调整至合适后再下料。

2）多注意观察使用的砂石料情况，当发现砂石料含水率明显变小时，应通知试验室进行检测（可用快速检测仪），并根据检测结果调整用水量，以确保混凝土坍落度合适。

3）盛装减水剂的容器应自带搅拌功能，边使用边搅拌，避免有效成分沉积，用到最后减水效果不足造成混凝土坍落度过小。

4）要经常检查水计量桶是否存在滴漏等情况，如有滴漏，应及时修复。

5）要确保水计量桶能放尽水，秤的底数要能自动归零。

6）对新进的水泥，要及时检测其性能，测得其需水量；特别是新进水泥温度较高时，其需水量会有大幅上升，使用时应严密观察。

7）根据环境气温、混凝土性能、运输情况等预先考虑坍落度损失。

（3）混凝土坍落度过大或过小时的处理办法

当混凝土已经下料或运到现场，发现坍落度过大时，可按如下方法处理：

1）如混凝土未离析，经试验室实测坍落度，以判断实际坍落度是否超过设计配合比时选用的最大坍落度，如未超过，可以继续使用，但建议用在不易造成漏浆的构件上，且在振捣时应避免过振；如已经超过，则建议视情况降级使用，比如 C40 的混凝土，可用于设计强度等级为 C30 或 C35 的构件上。

2）如混凝土已经离析，根据离析程度作降级或废弃处理。

当混凝土已经下料或运到现场，发现坍落度过小时，可按如下方法处理：

1）如混凝土流动性良好，可将混凝土直接用于易于施工的墙板、叠合楼板和梁、柱的非配筋密集部位。

2）如混凝土流动性欠佳，可经试验室技术处理后使用，一般可采用添加适量减水剂并经二次搅拌均匀至坍落度符合要求后使用。

14.6　混凝土运送常见问题与预防措施

混凝土运送过程看似不会直接影响混凝土质量，其实不然，混凝土运输处理不当也会发生粗骨料与浆体分层、坍落度损失大和混凝土水灰比发生变化等问题。

（1）粗骨料与浆体分层

造成后果：影响混凝土的施工性能，严重时会影响混凝土的强度。

预防措施：

1）严格控制坍落度，确保混凝土出机时具有良好的和易性。

2）混凝土从拌机下料的高度应合适，且应避免直落，无法避免时，可采用加斜接口或溜槽。

3）混凝土运送时，应避免剧烈震动、晃动和颠簸。

4）混凝土运送距离超过 10min 时，运输容器应增加搅拌装置。

5）混凝土运送到使用地点出料前或出料后，宜进行二次搅拌。

6）对已经发生分层的混凝土，应二次搅拌均匀后方准使用。

（2）坍落度损失大

造成后果：混凝土浇筑困难，易造成振捣不密实、成型构件出现空洞或露筋等现象，影响产品质量。

预防措施：

1）结合运输条件预先考虑坍落度损失，采用敞开式运输、环境气温较高、运距较长、室外运输等条件下，坍落度损失大，反之则小，混凝土配比中应予全面充分考虑。

2）室外敞开式运输必须加遮盖。

3）配合比要结合水泥、减水剂等材料的实际性能，如果是新进的水泥，温度较高，也会造成需水量和坍落度损失增加。

4）对坍落度损失过大的混凝土应通知试验室进行调整，一般可适量添加减水剂并搅拌均匀至坍落度满足要求后再使用。

（3）混凝土水灰比发生变化

造成这种问题只有一个原因，就是雨天室外运输而无遮盖。

造成后果：混凝土坍落度变大、甚至离析，严重时会影响混凝土的强度。

预防措施：

1）雨天室外运输必须严密遮盖（图 14-18），防止雨水进入混凝土。

2）混凝土运送最好走室内运输线路。

3）已经发生水灰比变化的混凝土严禁使用。

▲ 图 14-18　混凝土运输加遮盖

第15章
模具涂剂常见问题与预防措施

本章提要

　　本章介绍常用的模具涂剂及施工方法，脱模剂施工常见问题及预防措施，缓凝剂施工常见问题及预防措施。

15.1　常用的模具涂剂及施工方法

　　模具涂剂是混凝土预制构件生产过程中的一项关键性作业。模具涂剂施工质量的优劣不仅影响到脱模作业的方便程度，也会造成混凝土预制构件粘模、表面酥松、钢筋握裹性差、麻面、粗糙面露骨料深度不符合要求等问题，见图15-1、图15-2。

▲ 图15-1　脱模剂涂刷不好造成麻面

▲ 图15-2　脱模剂涂刷不好造成表面粘模

1. 常用的模具涂剂

　　常用的模具涂剂多为液态或半液态凝胶状化学物质，涂覆在模具与混凝土接触的表面，以便于脱模或在脱模后进行粗糙面处理。常用的模具涂剂有脱模剂（图15-3）和表面缓凝剂（下称"缓凝剂"，见图15-4）。

　　脱模剂有很多种类，用于混凝土预制构件的脱模剂通常分水性脱模剂（图15-5）和油性脱模剂（图15-6）。

▲ 图 15-3　水性脱模　　▲ 图 15-4　混凝土表　　▲ 图 15-5　稀释后的水　　▲ 图 15-6　砼的牌混凝土
　　　　　 剂原液　　　　　　　　　面缓凝剂　　　　　　　　性脱模剂　　　　　　　油性脱模剂

水性脱模剂由有机高分子材料研制而成，易溶于水，兑水后，涂刷于模板上会形成一层很滑的隔离膜，完全阻止混凝土与模板的直接接触，并有助于混凝土浇筑时混凝土与模板接触处的气泡迅速溢出，减少预制构件表面的气孔，而且不影响混凝土的强度，对钢筋无腐蚀作用，使预制构件易于脱模并确保光洁美观。

油性脱模剂常用机油或工业废机油、水、乳化剂等混合而成，其黏性及稠度高，混凝土气泡不容易溢出，易造成拆模后预制构件表面出现气孔，并且严重影响后续表面抹灰砂浆与混凝土基层的粘结力，也会造成混凝土表面色差，所以在预制构件生产中已被逐渐淘汰。

缓凝剂的作用是为了延缓预制构件表面混凝土的强度增长，以便于在脱模后对构件表面进行粗糙处理，使粗糙面骨料外露深度满足设计要求。

使用缓凝剂后，在混凝土终凝后或预制构件蒸汽养护结束脱模后，用压力水冲刷需要做粗糙面的混凝土表面，通过灵活控制冲刷时间和缓凝剂的用量，可以控制粗糙面骨料外露的深浅，以达到设计要求的混凝土粗糙面效果，后期浇筑混凝土的黏结性也能满足设计要求。

2. 常用的模具涂剂的施工方法

常用脱模剂的施工方法分为自动化机械喷涂和人工涂刷。自动化机械喷涂（图 15-7）多与全自动流水线配套作业，喷涂均匀、效果好，但设备价格较贵。人工涂刷又可分为手工涂刷（图 15-8）和喷雾器喷涂（图 15-9）两种方式。手工涂刷不需要设备，但涂刷不均匀、效果差，脱模剂损耗大；喷雾器喷涂使用常见的喷雾器即可施工，设备成本低，喷涂较均匀，效果好，脱模剂损耗少，所以在施工中采用较多。

▲ 图 15-7　脱模剂自动喷涂机

缓凝剂施工通常采用手工涂拭的方法，可以用抹布擦抹，也可以用刷子涂刷，与手工涂刷脱模剂方法一样。

▲ 图 15-8　手工刷脱模剂

▲ 图 15-9　喷雾器喷涂脱模剂

15.2　脱模剂施工问题及预防措施

脱模剂施工是构件制作过程中必不可少的一道工序，施工质量的好坏对构件质量特别是构件表面质量影响很大。气泡、麻面、起砂、色差、混凝土表面酥松等问题都会因脱模剂施工不当而引发，下文详细分析脱模剂施工中常出现的问题及其预防和应对措施。

1. 脱模剂施工重点问题及其预防措施

（1）模具表面未清理干净就喷涂脱模剂（图 15-10）

造成后果：

混凝土表面出现脏污、浮灰、起砂等，见图 15-11。

预防措施：

脱模剂施工前，应将模板与混凝土接触的表面打磨、清理干净，擦净表面锈斑、浮灰、油污及水迹等。

（2）不该使用油性脱模剂的部位使用了油性脱模剂（图 15-12）

造成后果：

1）混凝土表面色泽变暗、局部油污、色差、边角酥松、出现气泡等（图 15-13）。

2）二次浇筑结合面或构件需做涂装的表面，如果使用了油性脱模剂，可能导致结合性能变差。

▲ 图 15-10　模具未清干净就喷涂脱模剂

▲ 图 15-11　构件表面脏污　　　▲ 图 15-12　使用油性脱模剂　　　▲ 图 15-13　使用油性脱模后表面脏污

3）钢筋、预埋件表面如果不慎沾上了油性脱模剂，也会造成混凝土与钢筋或预埋件的粘结不牢固。

预防措施：

1）严格区分油性脱模剂和水性脱模剂的应用部位，油性脱模剂一般仅用于模具外侧不与混凝土表面直接发生接触的部位以及悬挑架等部位，其他部位都应使用水性脱模剂。

2）油性脱模剂建议不要喷涂，用拧至面干的抹布擦拭，涂刷时应小心谨慎，避免沾染到钢筋、预埋件等的表面。

3）模内边角部位如有油性脱模剂堆积，混凝土入模前应仔细擦拭干净。

4）禁止使用脏污的废油勾兑的油性脱模剂，条件允许的情况下，尽量不要使用油性脱模剂。

（3）脱模剂在模内边角处堆积（图 15-14）

造成后果：

1）构件边角露砂（图 15-15）。

2）构件缺棱掉角。

▲ 图 15-14　脱模剂在边角处堆积　　　　　▲ 图 15-15　构件边角脱模剂过多导致露砂

预防措施：

1）脱模剂用量要合适，不能过多。

2）擦拭到边缘时抹布一定要深入边角部位，防止脱模剂在空隙处堆积。

3）立模侧立面的脱模剂要用拧干的抹布擦，避免脱模剂从立面顺渗到别处造成污染。

4）发现模内边角部位有脱模剂积液时，应及时用抹布擦干。

（4）脱模剂沾染到钢筋、预埋件上（图 15-16）

造成后果：

影响混凝土与钢筋、预埋件的握裹性能。

预防措施：

1）不宜在钢筋骨架和预埋件入模后再进行涂刷脱模剂。

2）在工装架、较大的外露预埋件顶面擦拭脱模剂的用量不能过多，防止其流淌滴落。

▲ 图 15-16　脱模剂滴落到预埋件上

（5）脱模剂施工后，未在规定的时间内浇筑混凝土（过早或过迟）

造成后果：

1）混凝土粘模（过迟），造成脱模困难。

2）混凝土表面起砂、出现麻面及色差（过早）。

3）边角部位混凝土露砂或出现酥松（过早）。

预防措施：

1）脱模剂施工后宜在 2h 内浇筑混凝土，避免时间过长导致脱模剂效果下降甚至失效。

2）脱模剂施工后，宜待表面干燥、不粘手时方可浇筑混凝土。

2. 脱模剂施工常见问题及其预防措施

（1）水性脱模剂使用时未按要求稀释

造成后果：

1）混凝土表面出现粘模、酥松及麻面等。

2）稀释比例过小，会造成脱模剂用量过大，同时也会增加施工难度。

预防措施：

1）水性脱模剂的稀释比例应在厂家推荐比例的基础上根据实际脱模需求调整并经试验确定。

2）经稀释后的水性脱模剂应充分搅拌均匀后再使用。

（2）使用超过有效期的脱模剂

造成后果：

1）脱模困难。

2）混凝土出现粘模，表面起皮及麻面等。

预防措施：

1）在厂家建议的有效期范围内使用。

2）已经稀释的水性脱模剂，必须在规定的时间内使用完，超过时间的不允许使用。

（3）脱模剂施工所用的工具未按要求清洗（图 15-17）

造成后果：

混凝土表面出现色差、起砂及麻面等。

预防措施：

脱模剂施工所用的容器、抹布、喷壶及刷子等应每天清洗干净。

（4）手工擦抹不到位、不均匀（图 15-18）

造成后果：

1）脱模困难，构件边角缺棱掉角。

2）构件表面出现色差、局部起砂及麻面等。

预防措施：

1）用抹布手工擦拭脱模剂时，抹布应拧至不滴液，然后分幅、分块仔细擦拭，边角部位要擦拭到位，不得漏擦。

▲ 图 15-17　装脱模剂的容器未清洗

2）擦完一遍后，用拧干的抹布复擦一遍，遗漏处和边角积液应擦拭均匀。

（5）人工喷涂后未用抹布擦均匀（图 15-19）

▲ 图 15-18　手工擦抹脱模剂不均匀　　　　▲ 图 15-19　人工喷涂后未擦匀

造成后果：

1）混凝土表面有喷涂痕迹，出现起砂及麻面。

2）边角酥松，露砂。

3）局部粘模。

预防措施：

1）喷嘴及喷涂压力要正常，确保喷涂的脱模剂雾化良好。

2）喷涂时相邻喷幅的重叠面积不得过大，防止积液。

3）喷涂后用拧干的抹布擦干，边角部位不得有积液。

（6）自动喷涂不均匀，雾化不良，有滴漏

造成后果：

1）混凝土表面局部起砂、麻面。

2）局部粘模。

3）脱模剂用量增大。

预防措施：

1）按要求配置制脱模剂，避免过稠。

2）装脱模剂的容器应定期清洗，防止堵塞喷嘴。

3）喷嘴发生堵塞或喷涂雾化不良时，要及时检修或更换喷嘴。

（7）脱模剂施工前、后模内的鞋印、灰尘等未处理（图 15-20 和图 15-21）

▲ 图 15-20　模内鞋印未擦除　　　　　▲ 图 15-21　模内混凝土渣未清扫

造成后果：

1）混凝土表面出现色差、起砂及麻面等。

2）混凝土表面露出异物（扎丝头、泡沫及混凝土渣等）。

预防措施：

1）脱模剂施工前，模内要擦拭干净，确保无灰尘、鞋印及其他杂物。

2）脱模剂施工时，宜着鞋套并采用倒退擦拭的方式。

3）脱模剂施工后，必须进入模内施工时，宜着鞋套，作业完成后应对模内进行清理，清除杂物，擦净鞋印、灰尘。

15.3 缓凝剂施工常见问题及预防措施

缓凝剂通常用在需要做成水洗粗糙面的混凝土表面，确保粗糙面的露骨料深度满足设计要求。缓凝剂施工不当易造成露骨料过深、露骨料深度不足、露骨料不均匀有花斑及混凝土表面斑块状起砂等。

1. 缓凝剂施工重点问题及预防措施

擦拭缓凝剂与脱模剂用的抹布和容器用错或用混。

造成后果：

混凝土表面大面积起砂，见图15-22。

预防措施：

1）涂刷缓凝剂应由专人施工，抹布及容器由专人保管。

2）擦拭缓凝剂的抹布和容器应独立放置并设明显标识，防止误用。

2. 缓凝剂施工常见问题及预防措施

（1）缓凝剂选型不正确

造成后果：

1）粗糙面冲洗困难。

2）混凝土表面不凝。

预防措施：

通过试验选用合适的缓凝剂。

（2）缓凝剂用量过多或涂刷面积过大

造成后果：

1）露骨料过深（用量过多）。

2）粗糙面的面积过大。

3）缓凝剂损耗过大。

预防措施：

1）严格按照需要的粗糙面范围涂刷缓凝土，必要时可先在涂刷边界处贴上美纹纸或胶带。

2）缓凝剂用量应根据选定的品牌经试验确定，用量应严格控制。

（3）缓凝剂用量过少或涂刷面积过小

造成后果：

1）露骨料深度不足，见图15-23。

▲ 图 15-22 混凝土表面大面积起砂

▲ 图 15-23 露骨料深度不足

2）粗糙面的面积不够。

预防措施：

参照 15.3 节（1）。

（4）缓凝剂涂刷不均匀

造成后果：

1）露骨料过深或深度不足。

2）露骨料不均匀、有花斑。

预防措施：

缓凝剂的涂刷要均匀并严格控制用量。

（5）缓凝剂施工时不注意，缓凝剂沾染到了不需要涂刷的部位

造成后果：

混凝土表面出现斑块状起砂。

预防措施：

1）施工时要仔细，避免缓凝剂沾染到其他不需要涂刷的部位。

2）涂刷缓凝剂的抹布和装缓凝剂的容器要放好，避免无意带入模内或倾倒。

3）严禁用擦缓凝剂的抹布擦拭模具上的油污、铁锈等。

4）一旦发生误擦，用干布擦净误擦部位后再重新擦拭脱模剂。

（6）缓凝剂涂刷后等待时间过长或过短

造成后果：

1）涂刷部位及其周边混凝土的早期强度比其他部位低且增长慢。

2）涂刷部位周边的混凝土表面易起砂。

3）粗糙面冲洗困难或露骨料深度不足。

预防措施：

1）应在缓凝剂表面干燥后方可浇筑混凝土。

2）如果缓凝剂施工后超过 6h 再浇筑混凝土，须在浇筑前重新涂刷缓凝剂并待其干燥后浇筑混凝土。

第 16 章
装饰面常见问题与预防措施

本章提要

列举了石材反打和装饰面砖反打接缝不顺直、容易受到污染等问题清单,以及清水混凝土常见问题清单。举例分析了清水混凝土发生裂纹和裂缝的原因,给出了清水混凝土的表观质量缺陷和原因分析,列举了装饰混凝土常见问题,并给出了预防措施和处理办法。

16.1 石材反打常见问题与预防措施

石材反打的常见问题有接缝不顺直(图 16-1)和石材局部掉角和裂纹(图 16-2)等。

▲ 图 16-1 接缝不顺直

▲ 图 16-2 石材局部掉角和裂纹

1. 石材反打常见问题

(1)石材错位、接缝不顺直,接缝宽度偏差较大,影响外观效果。

(2)成型构件石材局部发现缺棱掉角和裂纹(甚至断裂),维修后观感较差。

(3)石材易发生饰面污染,一旦受到油污渗入造成污染,因石材自身的致密性问题,将难以清理。如何防止石材饰面受到污染是需要特别注意的问题。

（4）石材饰面局部泛碱。

2. 石材反打常见问题预防措施

（1）石材错位、接缝不顺直、接缝偏差大的原因和预防措施

1）应检查石材外形尺寸是否满足精度要求，不成直角或尺寸误差超过 ±1mm 时不能使用。

2）石材排版、铺贴前，应清理模具，并在底模上绘制安装控制线。

3）铺设时，应在石材的缝隙中嵌入硬质橡胶条或块进行定位，硬质橡胶条或块厚度除应与设计标准板缝宽度一致外，还需额外准备大一号或小一号两种规格的硬质橡胶嵌条，作为微调板缝宽度间隙使用。

4）竖直模具上石材铺设应当用钢丝将石材与模具连接或临时加固（图 16-3），避免石材受到扰动而偏位。

（2）石材缺棱掉角、断裂的原因和预防措施

石材缺棱掉角或断裂既可能发生在混凝土浇筑前，也可能发生在混凝土浇筑之后。精细化制作和管理是避免这些问题的最有效措施。

1）饰面石材宜选用材质较为致密的花岗岩等材料，厚度不宜小于 25mm。

2）石材存在细小裂缝，不易被发现。混凝土浇筑过程中，板材承受混凝土压力会使裂缝扩展，甚至断裂。

3）控制落料高度，降低混凝土落料对板材的冲击。

4）石材在运输和铺设过程中难免发生碰撞而缺棱掉角。制作过程中宜采用定型架分类堆放和运输，排版铺设时轻拿轻放，防止损坏，如图 16-4 所示。

5）模具组拆时防止对石材造成损伤。

6）构件成型前，发现石材存在上述问题的，可对石材进行调换。而构件成型后，若发现问题，则需根据修补方案，采用专用修补材料进行调换。

7）对接缝进行修整，弱化修补痕迹，使其与原来接缝的外观质量一致。

（3）饰面受污染的原因和预防措施

饰面受到混凝土污染的主要原因是石材背面的板缝和石材与模具之间的缝隙未封堵到位。而表面的污迹多源于设备漏油、人为污染等其他方

▲ 图 16-3　立面石材临时加固

▲ 图 16-4　石材专用运输车

面的原因。

1）石材与底模之间应设置硬橡胶垫或保护胶带，防止饰面受到污染，并起到软垫缓冲的作用，见图 16-5。

2）封堵背面石材板缝前，先塞入泡沫垫条，控制背面石材板缝封闭胶深度和防止胶污染石材饰面，见图 16-6。

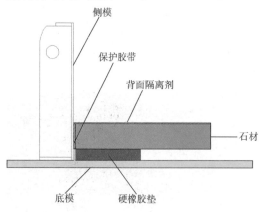

▲ 图 16-5　橡胶垫和保护胶带

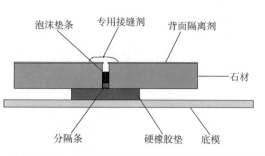

▲ 图 16-6　石材反打泡沫垫条和背面接缝处理示意

3）与石材交接的模具边口用玻璃胶或其他材料进行封闭，刮除多余的胶材。

4）做好石材背面板缝的封堵工作，设置跳板，防止作业时对石材和石材接缝胶材造成扰动（图 16-7）。

5）待背面石材板缝封闭胶凝固后，再安装钢筋骨架和其他辅配件。

（4）石材局部泛碱

虽然石材背面刷涂了隔离剂（封闭处理剂），但是若隔离剂涂刷不均匀，背面局部接缝、模具边口封堵薄弱，或是安装钢筋骨架和其他作业时对隔离层造成了损坏，都有可能为混凝土中的"碱"留下渗透路径而导致"泛碱"。

▲ 图 16-7　背面接缝封堵

1）石材背面隔离剂应涂刷均匀，并满足最小涂布量要求（专业厂家推荐用量）。

2）作业过程中，防止背面隔离剂涂层出现损伤。

3）石材与石材之间的接缝应当采用具有抗裂性、收缩小且不污染饰面表面的防水材料嵌填石材之间的接缝。待接缝剂凝固后方能进行下一道工序。

根据对石材反打项目的观察，局部少量泛碱常出现在石材和石材的接缝位置，因此接缝封堵处理尤为关键。

16.2　装饰面砖反打常见问题与预防措施

16.2.1　装饰面砖反打常见问题

1. 装饰面砖反打常见问题描述

（1）反打面砖砖缝不齐、边口漏浆、凹陷、倾斜或错位，影响美观（图 16-8）。

（2）脱模后的构件，装饰构件表面面砖脱落、碎裂或严重破损（图 16-9），若维修质量不可靠，则存在较大的安全问题。

▲ 图 16-8　砖缝不齐、边口漏浆、凹陷、倾斜或错位　　　▲ 图 16-9　脱模后面砖脱落、碎裂或严重破损

（3）脱模后的面砖表面污染严重，影响生产效率。脱模后，面砖清洗间隔时间越长，越难清洗（图 16-10）。

（4）外墙脱模后，面砖大面积损坏（图 16-11）

▲ 图 16-10　脱模后面砖表面污染严重　　　　　▲ 图 16-11　脱模后面砖出现大面积损坏

（5）同一批次面砖存在色差。

（6）面砖灰缝表面砂浆疏松不密实（图 16-12）。

（7）修补后存在色差（图 16-13）。

▲ 图 16-12　面砖缝砂浆疏松不密实　　　　▲ 图 16-13　面砖修补后色差严重

（8）整修、更换后的面砖，强度不足。

（9）保护膜上的胶水残留在面砖上，难以清理。

2. 装饰面砖反打常见问题原因分析

（1）面砖本身的质量问题：外形尺寸误差超标，表面不平整、翘曲、色差等问题比较严重。

（2）分隔瓷砖缝的嵌条材质不符合要求，封堵不贴合、嵌条宽度大小不一。

悉尼歌剧院屋面板的反打工艺非常精细，特意用了一种动物胶进行分隔，既确保了瓷砖定位准确，又可避免混凝土漏浆，在蒸汽养护过程中动物胶还会融化，瓷砖缝非常干净。脱模后再用树脂封闭瓷砖缝，既防水，又防污染（图 16-14）。

（3）粘贴面砖时操作不符合要求，造成定位不准确，砖缝不齐，双面胶粘贴不牢，面砖铺贴好后没有进行横平竖直的校准等问题。

（4）面砖碎裂、破损的原因

1）混凝土浇筑时，振捣棒直接在面砖上震动。

2）钢筋骨架就位时，操作不当直接对铺贴好的面砖造成冲击。

3）脱模时，生扳硬撬，拆模方式欠妥，导致面砖大面积的碎裂或破损。

4）驳运作业不当导致面砖局部破损。

5）堆放时搁置点不当，造成面砖损坏。

6）模具存在问题。

▲ 图 16-14　悉尼歌剧院反打瓷砖分隔条

（5）面砖表面污染严重的原因

1）未选择合适宽度的定位嵌条，嵌条过窄造成瓷砖缝隙大。

2）保护膜粘贴强度不够，导致混凝土浇筑时，水泥浆渗到了面砖表面。

3）面砖翘曲或不平整，导致浇筑时表面受到了污染。

16.2.2　装饰面砖反打常见问题预防措施

1. 装饰面砖反打常见问题预防措施

（1）制定专项制作方案并实施

针对反打面砖构件的工艺特殊性，制定面砖进场验收专项方案、面砖套件制作和铺设专项方案、混凝土浇筑方案和反打面砖构件蒸养、清洗及修补等专项方案。

面砖套件排版时严格按照控制线进行铺设，防止累计误差导致砖缝不齐。

（2）面砖进厂验收

1）面砖进入仓库或现场时，应有专人检查验收，检查送料单和出场材质证明，做到证随物到，证物相符，核验品种、规格、数量和外观质量是否符合要求。

2）对于转角砖要全数检查。

3）用于反打构件的面砖允许偏差范围可参考表 16-1。

表 16-1　面砖外形尺寸允许偏差

面砖	允许偏差/mm
外形尺寸	±0.5
翘曲	1.0
扭曲	0.5
对角线	1.0

（3）面砖投入使用前的筛选

剔除外形尺寸偏差较大、缺棱掉角、存在明显色差和其他问题的面砖。

（4）选择合适的分隔条、保护膜和双面胶材料

保护膜宜选用布基类不干胶，在构件蒸养持续湿热环境下，不致有胶残留。

（5）混凝土脱模强度

构件脱模后需要清洗，若脱模强度过高，粘结在面砖表面的余浆较难清除，若脱模强度过低则灰缝容易产生露砂、缺损，增加了修补量。从构件脱模到完成清洗工作不宜超过 4 小时。

（6）成型构件面砖的维修、调换方法

1）损坏和尺寸变位的面砖必须进行更换。面砖调换时，应将被调换面砖的周围切开（比面砖深约10~15mm），凿除并清理切开的断面。新瓷砖粘贴时必须用专用修补材料进行粘贴，瓷砖缝要选用和以前一样的分隔条临时固定，见图 16-15。

2）专用修补材料应布满整块面砖。

3）待修补材料硬化后，去除分隔条，修整砖缝，减少修补色差。

4）做好面砖维修记录。

（7）面砖质量的检查方法

除用肉眼仔细观察找出存在问题的面砖外，还要进行听声检查。声音检查主要是用小锤对瓷砖表面进行轻轻敲打，根据传出的敲打声来检查判断面砖是否有空鼓。对存在问题的面砖，无论损坏的，还是变位和空鼓的，都要及时整修，整修后还要进行再次确认。

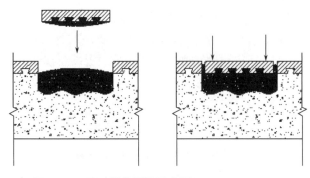

▲ 图 16-15　面砖维修更换示意图

2. 面砖拉拔试验

宜对反打部位中有维修记录的面砖作拉拔对比性试验，以此检测该处面砖的抗拉强度是否满足验收要求。

16.3　清水混凝土常见问题与预防措施

16.3.1　清水混凝土常见问题

清水混凝土常见问题有：

（1）清水混凝土局部出现发生裂纹、裂缝或龟裂如图 16-16~图 16-18 所示。

（2）清水混凝土局部出现气孔、麻面、空洞和色差问题，如图 16-19 和图 16-20 所示。

（3）构件表面有模具拼缝错台和阳角处漏浆等表观缺陷，如图 16-21 所示。

▲ 图 16-16　底部柱子横向裂缝

▲ 图 16-17　清水混凝土楼板板底裂缝

▲ 图 16-18　清水混凝土墙板龟裂

▲ 图 16-19　清水混凝土气泡和麻面

▲ 图 16-20　拼缝处错台和气泡

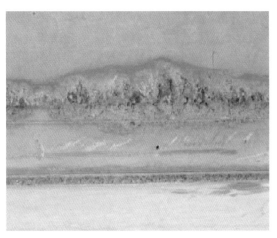

▲ 图 16-21　构件阳角处漏浆

16.3.2　清水混凝土常见问题预防措施

1. 清水混凝土局部发生裂纹、裂缝的原因分析

（1）因保护层过厚或过薄导致的清水混凝土裂缝

1）底部柱子横向裂缝。高层建筑在风荷载作用下，底部柱子受弯，柱子外侧拉应力较大，把混凝土表面拉裂后钢筋才受力，由此出现横向裂缝。

出于艺术效果的考虑，有的清水混凝土有凹入表面的分格缝，钢筋保护层净厚度应当从分格缝凹槽底算起。如此，无缝部位混凝土表面距受力钢筋的距离，也就是保护层厚度，就相对加厚了，是正常保护层厚度加上分隔缝的深度，所以很容易出现裂缝。

保护层厚了，混凝土裂缝达到一定宽度后钢筋才受力，裂缝看上去比较明显。柱子横向裂缝或是设计构造考虑不细所致，或是由受力钢筋在制作时位置发生内移所致，都与保护层厚度加大了有关。

2）清水混凝土楼板板底裂缝。如图 16-17 所示，国内某美术馆清水混凝土楼板底面出现了裂缝，应当也与保护层厚度有关：或因保护层过厚，混凝土开裂至一定宽度后钢筋才受力；或因保护层过薄，混凝土未对钢筋形成有效握裹，钢筋受力后局部混凝土与之分离。从现场看，楼板底面能隐约看到钢筋网痕迹，表明混凝土保护层过薄的可能性大。

（2）因混凝土耐久性不好导致的清水混凝土裂缝

贝聿铭设计的纽约基普斯湾公寓结构柱梁和墙板是清水混凝土，该公寓于 1962 年建成，已经使用 56 年了，大多数清水混凝土表面较好，但局部混凝土表面也出现了龟裂现象，如图 16-18 所示。

已经风吹日晒冻融了半个多世纪的混凝土表面出现龟裂是正常现象，但此工程多数混凝土表面没有龟裂，说明局部混凝土耐久性有问题，具体原因包括：

1）水灰比大。

2）混凝土坍落度大。

3）混凝土振捣不密实。

4）养护不好。

为减少混凝土表面龟裂，需从混凝土拌制和浇筑、养护等方面严格控制。

2. 清水混凝土表观质量缺陷和原因分析

清水混凝土构件表观质量缺陷是由多种原因造成的。为此，只有从制作过程的各环节入手，详细分析每个步骤可能产生的质量隐患，才能有针对性地对钢筋绑扎与焊接、混凝土原材料及配合比、混凝土浇筑、养护、模具材料、模具体系的设计、制作、组装和修补等全过程采取有效的措施，以保证清水混凝土构件的表观质量，常见清水混凝土构件质量缺陷及原因分析参见表 16-2。

表 16-2　清水混凝土构件质量缺陷及原因分析

质量缺陷类别		原因
颜色缺陷	色差	原材料发生变化，浇筑时离析，混凝土搅拌时间不足，养护披盖物污染，脱模剂涂抹不均匀
	铁锈	钢筋及绑扎丝外露，保护层不够造成孔隙水腐蚀钢筋，模板有铁锈
	油污及黑斑	各种原因污染原材料，脱模剂使用不当
外表缺陷	花纹斑或粗骨料透明层	砂率过低，针片状粗骨料含量过多，过度振捣
	气泡、孔洞	砂率过大，振捣不足
	蜂窝、麻面	细骨料不足，振捣不足，接缝不严密
	露筋	振捣不足，水灰比过大，水泥浆不足，漏浆，保护层过小等
	裂纹	水泥浆过多，养护不及时或不足，脱模过早
	挂浆、砂带	模板接缝不严密，振捣过度
	表面沁水现象	砂率过低，坍落度过大，模具吸水（透水）能力差，天气冷或外加剂配料不当
外形缺陷	缺棱掉角	钢模板未涂隔离剂，拆模过早或拆模后保护不良
	凹凸、翘曲不平	模板设计和制作存在问题，模板本身的强度和刚度不够，浇筑时未分层浇筑，导致胀模和较大变形
	预埋件移位	模具及预埋件的固定不牢靠

3. 改善清水混凝土质量的技术预防措施

（1）使用超塑化剂

1）掺入高效减水剂等能减少水胶比，增加混凝土的流动性，减少坍落度经时损失。

2）聚羧酸类高效减水剂，含有羧基的主链吸附于水泥表面，形成大体积的吸附层，产生较大的空间位阻，由于聚合物的空间位阻从外缘产生作用，水化物厚度对它的影响，所以不会产生常规下混凝土施工时的坍落度损失。

（2）掺加粉煤灰、矿渣等超细矿物掺合料

粉煤灰、矿渣微粉等矿物掺合料具有"活性效应""界面效应""微填效应"和"减水效应"等诸多综合效应。微细掺合料不仅可以大幅度降低新拌混凝土拌合物的内部屈服剪应力，改善流变性能，降低水化热，降低坍落度损失，还可以改善混凝土结构的孔结构和力学性能，提高后期强度和耐久性。

（3）限制石子粒径和粒形，选择合理的砂率

1）卵石与碎石都可以用于配制清水混凝土，卵石有利于流动性，碎石有利于改善强度。为了既满足混凝土的流动性，又具有足够的强度保证，经过整形后的碎石是一种比较理想的选择，但碎石最大粒径一般以 5~20mm 为宜。同时应尽量减少石子中的针片状含量，且控制黏土和石粉等杂质含量。

2）砂应选择含泥量低、形状和级配良好、细度模数在中砂范围内的黄砂。不宜选用细砂和粗砂，因为细砂需要较多的胶结料来包裹，相对减少了富余浆体量，而粗砂保水性差，容易发生泌水现象。

砂率是影响混凝土拌合物流动性的一个主要因素。适宜的砂率可以减少粗骨料之间的接触，增大流动性。清水混凝土的砂率宜在 45%~52%，以利于混凝土流动性的增强。

（4）选择有效的配合比

配制清水混凝土应首先确定混凝土配制的强度、水胶比、用水量、砂率、粉煤灰、膨胀剂等主要参数，再经过混凝土性能试验强度检验，反复调整各原材料参数来确定混凝土的配合比。清水混凝土配合比的突出特点是：高砂率、低水胶比、高矿物掺合料掺量、使用超塑化剂。

清水混凝土其实就是原貌混凝土，表面不做任何饰面，忠实地反映模具的质感，模具光滑，它就光滑；模具是木质的，它就出现木纹质感；模具是粗糙的，它就是粗糙的。国外的清水混凝土建筑表面有气孔、有色差、有水纹等，忠实地反映了混凝土的质朴原貌，而这些恰恰都是目前国内还未普遍接受的。

16.4　装饰混凝土常见问题与预防措施

1. 装饰混凝土常见问题

装饰混凝土常见问题有：

（1）装饰混凝土饰面局部有普通混凝土基层浆料透出或装饰混凝土饰面材料脱层，影响

外形和外表装饰效果，见图 16-22。

（2）装饰混凝土饰面存在色差，肌理、质感和装饰效果不佳，见图 16-23。

▲ 图 16-22　基层浆料透出

▲ 图 16-23　装饰混凝土表面色差

2. 装饰混凝土常见问题预防措施

（1）饰面层的配合比必须单独设计，按照配合比要求单独搅拌，材料（特别是颜料）计量要准确。

（2）装饰混凝土面层材料应按照设计要求铺设，厚度不宜小于 10mm，铺设均匀，以避免普通混凝土基层浆料透出。

（3）放置钢筋应避免破坏已经铺设的装饰混凝土面层，当钢筋骨架较重时，除了隔垫还应当有吊起钢筋骨架的辅助悬挂措施，避免钢筋骨架过重破坏隔垫。

（4）必须在装饰混凝土面层初凝前浇筑混凝土基层。装饰混凝土面层初凝后，浇筑混凝土基层会导致装饰混凝土面层脱层、脱落。为此，浇筑面层时，基层钢筋骨架、混凝土等其他所有的工序要预先准备好，以减少作业时间。

（5）采用复合模具时，形成造型与质感的模具与基层模具容易发生位移，可使用胶水、玻璃胶、双面胶等粘贴的方法来防止复合模具的移位，特别是在立面模具上的软膜极易脱落，可采用自攻螺钉进行加固。

第17章
混凝土浇筑常见问题与预防措施

本章提要

　　在混凝土浇筑时如果没有按工艺要求作业或浇筑过程控制不当，将直接影响预制构件的质量，严重的还会造成产品报废。本章列出了因混凝土浇筑时未核对强度等级、混凝土振捣方式不正确、表面拉毛或压光不合规等原因造成的混凝土强度与设计不符、混凝土不密实、混凝土成型面质量不符合要求及露出钢筋受到严重污染等问题，并给出了上述问题的应对方法和预防措施。

17.1　混凝土浇筑常见问题清单

　　混凝土浇筑时会出现很多问题，而且这些问题带来的后果多为隐性的，在浇筑过程中往往还很难及时发现，为方便读者查阅和记忆，表 17-1 列出了混凝土浇筑常见问题清单及可能造成的后果。

表 17-1　混凝土浇筑常见问题及造成的后果

序号	常见问题	分类	造成后果
1	混凝土等级报低	叫料类	产品降级使用或报废
2	混凝土等级报高		成本增加
3	所发的混凝土等级低	发料类	产品降级使用或报废
4	所发的混凝土等级高		成本增加
5	投料方式错误	投料类	钢筋骨架移位、钢筋保护层不足、饰面材料损坏、混凝土外溢等
6	投料顺序错误		出现空洞、露筋、振捣不密实等
7	振捣工具选择不当	振捣类	影响振捣效果和效率
8	振捣操作方法欠佳		出现漏振、局部振捣不密实、造成埋件移位/损坏/堵塞等
9	欠振		振捣不密实、表面气泡多等，增加工作量
10	过振		混凝土出现分层、胀模等

（续）

序号	常见问题	分类	造成后果
11	拉毛深度不足或不够密	成型面处理类	影响二次浇筑的结合
12	拉细毛面不规则		影响观感
13	压光面平整度和光洁度不够		造成产品不合格，增加生产成本
14	外露钢筋未有效保护	外露保护类	外露钢筋污染，影响现场连接效果，增加额外工作量及生产成本
15	外露预埋件未有效保护		外露预埋件污染、损坏、移位、堵塞等，增加额外工作量及生产成本
16	模具、工装未有效保护		增加清理工作量，影响生产效率

17.2 避免未核对强度等级的预防措施

一些预制构件工厂在混凝土浇筑时常因未核对混凝土强度等级而发生用错料的情况，造成建筑安全隐患，给企业带来了不必要的损失。下面给出了如何避免这一问题的预防措施及处理办法。

造成后果：

当实际用的混凝土强度等级低于设计值，如果已经安装，将影响建筑的结构安全；如果在安装前发现，也会造成构件报废，使生产成本增加，给企业带来损失。当实际用的混凝土强度等级高于设计值，同样增加了生产成本。

预防措施：

要避免未核对强度等级造成用错料，必须规范混凝土叫料、发料、用料流程，做到环环相扣、全面管控。

1. 叫料、发料由专人负责

需要使用混凝土时，应由指定的人员叫料，叫料人员必须熟知生产线上各生产构件的强度等级和生产情况，掌握生产顺序。一般可指定施工线上的线长或质量专员负责叫料。

搅拌站应由专人负责接收叫料信息及进行配发料，负责接收叫料信息和配发料的人员应熟知混凝土等级区分了解生产线的产品，一般由当班的搅拌机操作员负责接收叫料信息并发料。对于生产量较大的企业，也可设专人接收叫料信息及配发料。

2. 凭单发料，用料签收

生产部下发每天的生产任务单时，应同时下发生产用料明细表，见表 17-2。表中至少包含生产日期、车间号、产线号、模台号、构件型号、混凝土强度等级、混凝土用量等内容，一式三份，试验室、搅拌站和生产车间各一份。生产报料时，应至少明确产线号、模台号、构件型号、混凝土等级、混凝土用量等关键信息。搅拌站接到报料信息后应重新复述一遍，确认无误方可进行拌制。

拌制好的混凝土运送到生产现场，在使用前应确认强度等级和用量、使用部位，确认无误后签收。

表 17-2　混凝土生产用料明细表

生产日期：

序号	车间号	产线号	模台号	构件型号	混凝土强度等级	混凝土用量	混凝土签发	混凝土签收
1								
2								
3								

注：1. 混凝土签发由搅拌站操作员/配发料人员签名，混凝土签收由车间收料员/使用班组负责人签名。

　　2. 报料时，应至少明确产线号、模台号、构件型号、混凝土强度等级、混凝土用量等关键信息并经接收方复述确认。

3. 用料点明显标识混凝土强度等级

混凝土使用地点应明确标识所用混凝土的强度等级和用量，一般宜在构件模具附近标识（图 17-1），避免误用。

▲ 图 17-1　在模具附近标识混凝土强度等级

17.3　投料常见问题与预防措施

混凝土投料常见问题多出现在局部集中投料、二次投料间隔时间过长、不同等级的混凝土投料顺序错误、特殊部位投料方式错误以及投料过多造成溢料等问题，生产过程中不注意控制，会造成混凝土质量问题，严重的可能导致产品报废。

1. 局部集中投料常见问题及其预防

局部集中投料（图 17-2）是混凝土浇筑过程中经常发生的现象，多发生在布料面积相对较大的平板式构件上，如墙板、叠合楼板等，正确的投料方法参照图 17-3。

▲ 图 17-2　局部集中投料

▲ 图 17-3　均匀投料

造成后果：造成投料部位的钢筋保护层减少甚至出现露筋，也有可能引起周边预埋件移位。

预防措施：

（1）要对操作人员进行工艺培训及交底，明确局部集中投料的危害。

（2）人工放料时，对投料过程严格监管，必要时应采取处罚措施。

（3）设备自动投料时要合理设置好程序，布料机行走速度要与出料量相匹配。

（4）当已经发生局部投料较集中的情况，要及时将料堆摊铺均匀，必要时将钢筋骨架轻轻上提，如有预埋件发生移位，也应调整到正确的位置重新固定。

2. 二次投料间隔过长及其预防

二次投料间隔时间过长多因混凝土供料不能跟上，设备出现故障或生产节拍未控制好等原因造成，在气温较高的季节造成的后果更严重。

造成后果：混凝土出现分层（图17-4），且层间结合力变差，严重的可能造成构件报废。

预防措施：

（1）搅拌站的生产能力要与车间实际需求相匹配或稍高。

（2）混凝土原材料应提前准备充足，避免断料。

（3）搅拌设备应按要求例行保养并勤于检查，避免出现突发性故障。

（4）车间生产安排中要考虑好生产节拍，避免出现设备使用、工作流程等的相互干扰或冲突。

▲ 图17-4　混凝土分层

（5）分次投料时，一次投料的模具数量不能超过2个，并尽量避免分布在不同的模台上。

（6）当发现一次投料后等待时间过长时，在二次投料前要在一次浇筑的成型面上洒上与混凝土同等级的水泥浆后再投放混凝土，振捣时振捣棒应插入至一次成型面以下50mm，并且适当增加振捣时间。

3. 不同等级的混凝土下料顺序错误及其预防

混凝土浇筑过程中，当出现同一个构件的不同部位使用不同等级的混凝土时，应先浇筑强度等级较高的部位，后浇筑强度等级低的部位，不得颠倒顺序。

造成后果：混凝土较高强度等级的部位强度偏低，严重时会造成构件报废。

预防措施：

（1）对需要两种或以上强度等级的混凝土构件，应有明确标识，且在对应部位标注明显的混凝土强度等级。

（2）工人应熟知先浇混凝土强度等级高的部位后浇混凝土强度等级低的部位的原则，叫料时先叫强度等级高的混凝土，强度等级高的混凝土应适当增加一点量，强度等级低的混凝土适当减少一点量，但应保证构件所用的混凝土总用量不变。

（3）来料确认强度等级后必须定点投放，不得随意放入模内。

（4）当已经发生低强度等级的混凝土先投入模具的情况，在混凝土还未流动到需要高强度等级混凝土的部位时，应将剩余混凝土用于其他合适的构件，再拌制高强度等级的混凝土浇筑对应部位，然后浇筑低强度等级的部位；如低强度等级的混凝土已经流动到需要高强度等级的部位，则应人工铲除高强度等级部位的混凝土后按本条前半部分的情况处理。

4. 特殊部位投料方式错误及其预防

大转角墙板、不封底的阳台侧壁等特殊部位的混凝土投料必须采用专用的投料方式或采用有效的措施确保混凝土浇筑、振捣质量。

造成后果：构件转角的阴角部位出现蜂窝、孔洞、露筋等混凝土不密实的现象，严重的将造成构件报废。

预防措施：

（1）特殊部位应制订有针对性的投料方案和振捣方案，并采取必要的措施。

（2）特殊部位混凝土投料时，必须严格按照制订的方案作业，先浇筑平面混凝土，后浇筑侧立面的混凝土，并提前做好必要的预防措施。

（3）侧立面的混凝土，在保证施工性能的前提下坍落度应尽可能小，避免阴角底部大量溢料。

（4）阴角底部如不封底（图 17-5），可临时用适合的材料压一下，避免溢料过多。

（5）阴角底部溢料应在混凝土临近初凝时清理，否则易造成阴角上部出现脱空、孔洞等，见图 17-6。

▲ 图 17-5　不封底的阳台板　　▲ 图 17-6　阳台板阴角出现孔洞

5. 投料过多造成溢料及其预防

混凝土投料时应控制投料的量并均匀布料，特别是人工投料，下料门的开启度要与混凝土坍落度及构件浇筑层的厚度相匹配，不得多投造成溢料，见图 17-7。

造成后果：不仅耗费混凝土，还增加了额外工作量，降低了工作效率，溢料还会弄脏模具和模台。

预防措施：

（1）投料时不要一次投足，可分次补

▲ 图 17-7　投料过多出现溢料

加料。

（2）靠近模具边缘应适当少投，避免混凝土溢出模具。

（3）下料门要保持灵活，开关轻便，不得卡门。

（4）自动布料机投料，应设置好各项参数，保证出料量、布料机行走速度等与需要的投料厚度相适应。

（5）发现投料过多要及时调整。

17.4 振捣常见问题与预防措施

在混凝土振捣工艺中常见的问题有过振、欠振、振捣方法不规范及振捣设备选择不当等，可能因此而造成混凝土分层，振捣不密实，出现蜂窝、露筋、预埋件移位及胀模等后果。

1. 过振易产生的问题及其预防

过振在混凝土振捣过程中发生频率较高，其主要原因是振捣工人经验不足，没有根据实际情况调整振捣方法和时间。

造成后果：混凝土分层（图17-8）、胀模，影响产品质量，严重的会造成产品报废。

预防措施：

（1）混凝土振捣必须按操作规程并由有经验的工人进行作业。

（2）根据实际情况采用合适的振捣方法，并控制好振捣的时间；如混凝土坍落度小、振捣力矩小、产品配筋密，振捣时间宜适当加长，反之，振捣时间宜缩短。

（3）振捣过程中，严禁在同一部位长时间振捣。

（4）当换用不同种类的振捣设备时，应先核对相关参数并经试验确定振捣时间。

▲ 图 17-8 过振分层

2. 欠振易产生的问题及其预防

混凝土欠振的原因与过振基本相同，但造成的后果却有明显不同。

造成后果：振捣不密实、蜂窝、空洞、露筋、混凝土表面气泡多等。

预防措施：

（1）混凝土振捣必须按操作规程并由有经验的工人进行作业。

（2）应按制订的振捣工艺进行振捣，根据混凝土性状、振动棒规格、配筋密度等因素确定合适的插入间距；振捣棒应快插慢拔，振捣时间应满足要求。

（3）不得出现漏振现象。

（4）换用小规格的振动棒时，应减小插入间距并适当延长振捣时间。

3. 振捣方法不规范易产生的问题及其预防

混凝土振捣方法不规范是指振捣时没有采用预定的振捣方式、振捣时间不符合要求或采用插入式振捣棒时插入间距不合理等。发生此类问题的常见原因多为没有制订合适的振捣工艺规程、对振捣工艺培训不到位及操作人员执行不到位等。

造成后果：混凝土不密实、出现漏振、露筋、蜂窝、空洞、混凝土分层或离析、预埋件移位、模具胀模、钢筋骨架偏位或变形等。

预防措施：

（1）混凝土振捣应制订合理的振捣工艺规程并严格执行。

（2）振捣操作人员必须有实际作业经验并经工艺培训。

（3）制定生产作业制度，对操作人员加强教育，作业过程中设专人监督。

4. 振捣设备选择不当易产生的问题及其预防

常用的混凝土振捣方式有附着式振捣、插入式振捣、表面平板振捣及模台整体振动。附着式振捣多用于高大立模，插入式振捣多用于高度不大或可分层浇筑的构件，表面平板振捣在水平浇筑楼板、墙板时应用较多，模台整体振动在自动流水线或流动模台生产线上使用广泛。振捣设备选取不当，会导致混凝土成型质量差及生产效率降低。

造成后果：振捣不密实、成本增加、工效降低，甚至可能出现废品。

预防措施：

应了解振捣设备的特性和所生产的产品的特性，并根据产品成型工艺选择合适的振捣设备。如采用固定模台工艺振捣平板类的构件宜采用插入式振捣，采用立模法生产时则宜采用附着式振捣配合使用插入式振捣，自动线上生产平板类构件，采用模台整体振捣效率更高，具体可参见表 17-3。

表 17-3 生产方式、构件类型与振捣设备选择

序号	生产方式	构件类型	振捣设备选择
1	固定模台	平板类构件	插入式振捣或附着式振捣
2	固定模台	异形构件	插入式振捣
3	固定模台	高大立模	附着式振捣+插入式振捣
4	固定模台	厚度较小且成型面工装较少的构件	表面平板振捣
5	自动生产线	平板类构件	模台整体振动

5. 混凝土初凝后的振捣扰动产生的问题及其预防

混凝土初凝后的振捣扰动通常有下列几种情况：

（1）采用流动模台或自动生产线生产时，同一模台上有多个构件，生产时又不连续布料或布料间隔时间过长，在振捣后一个构件时，前一构件的混凝土已临近或超过初凝时间，导致其混凝土受到扰动。如同一模台上的构件超过 2 个，则影响更大。

（2）需要两次浇筑工艺的产品（如夹芯保温板），在一次浇筑完成后没有控制好后续作业的时间，作业时间过长，导致在二次浇筑时，前面已经浇筑的混凝土已临近初凝或超过初凝时间而受到扰动。

　　造成的后果：影响混凝土正常凝结，使混凝土强度下降；影响混凝土内的预埋件与混凝土的粘结，造成预埋件松动，严重的可造成产品报废甚至引发安全事故。

　　预防措施：

　　（1）采用流动模台或自动生产线生产时，同一模台上有多个构件，宜统一布料，同时振捣；特殊情况必须分开作业时，应保证振捣间隔时间不超过混凝土的初凝时间。

　　（2）同一模台振捣次数不宜超过两次。超过两次时，应确保最后一次振捣的时间不超过最先浇筑的混凝土的初凝时间。

　　（3）二次浇筑工艺中，应严格控制好一次浇筑后续工作的作业时间，确保在一次浇筑混凝土初凝前将二次浇筑部分的混凝土入模并完成振捣。同时，作业过程中应尽可能避免扰动混凝土内的预埋件。

17.5　表面压光或拉毛常见问题与预防措施

　　混凝土成型的最后一道工序是表面压光或拉毛，施工质量直接影响产品表观质量，严重的会造成验收不合格。混凝土表面压光或拉毛过程中最常见的问题及造成的后果见表 17-4。

表 17-4　混凝土表面压光或拉毛过程中最常见的问题及造成的后果

序号	表面施工要求	常见问题	造成后果
1	压光	表面平整度差	验收不合格
2		压抹痕迹明显	表观质量差，增加修补成本
3		压光表面空鼓、起皮	表观质量差，增加修补成本
4	拉毛	拉毛深度不足	验收不合格，增加后期处理成本
5		拉毛面积达不到要求	验收不合格，增加后期处理成本
6		拉毛形式不符	验收不合格，增加后期处理成本

17.5.1　表面压光常见问题及其预防

　　表面平整度差、压抹痕迹明显及压光表面空鼓起皮是混凝土表面压光作业中最常见的问题，直接影响产品表观质量，严重的会造成验收不合格。

1. 表面平整度差及其预防

　　混凝土表面平整度差是表面压光作业中最常发生的问题，产生的原因多为操作人员不熟练、未按施工工艺要求作业、最后一遍压光的时间控制不合理等。

　　造成后果：压光面观感差，甚至造成验收不合格。

　　预防措施：

　　（1）压光作业的人员应是熟练的抹灰工或粉刷工。

　　（2）应制订表面压光工艺规程并应对工人进行施工工艺培训；压光作业最少不得少于3遍抹压，第一遍用不小于2m 的铝合金方管刮压，确保大面平整；第2遍用木质或塑料的搓板仔细拍压提浆，压实搓平，边角缺料补齐；第 3 遍用钢泥板压光表面。

（3）最后一遍压光的时间应控制在临近混凝土初凝时，以手指轻压混凝土表面没有明显凹痕且手指上不沾浆水时为宜。

2. 压抹痕迹明显及其预防

造成混凝土成型表面抹压痕迹明显的原因通常是工人操作不熟练或责任心不强、工作不细致。

造成后果：产品表面观感差，增加修补成本。

预防措施：

（1）压光作业的人员应是熟练的抹灰工或粉刷工。

（2）通过培训提高作业人员的业务素质。

（3）加强作业过程的监督管理及考核，从制度上保证作业人员细致工作。

3. 压光表面空鼓起皮及其预防

混凝土表面压光时违规作业或抹压次数过多，常会出现混凝土表面空鼓或起皮的现象。

造成后果：混凝土表观质量差，增加后期处理成本，甚至造成验收不合格。

预防措施：

（1）应由熟练工进行操作，控制好压光的时间。

（2）最后一遍压光时，不得采用贴补方法多次抹压找平表面，且不得加水抹压。

17.5.2　拉毛常见问题及其预防

混凝土表面拉毛中常见的问题有拉毛深度不足、拉毛面积不足、拉毛形式不符等。

1. 拉毛深度不足及其预防

一般有拉毛深度要求的多发生在二次浇筑叠合面上，导致混凝土表面拉毛深度不足的原因有拉毛过早、拉毛的工具不合适、拉毛时用力不足等。

造成后果：二次浇筑粘结效果差，增加后期处理成本甚至造成验收不合格。

预防措施：

（1）拉毛作业的时间安排在混凝土表面初凝后为宜。

（2）拉毛应使用专用工具，最好采用滚轮式拉毛工具，如采用耙式拉毛工具，应经常检查耙尖磨损程度并修正。

（3）拉毛时用力要适度，用力过轻会导致拉毛深度不足，且在一个拉毛行程内应保持力度均匀。

2. 拉毛面积达不到要求及其预防

拉毛面积达不到要求的原因为拉毛工具的齿距或轮片距过大、桁架筋或工装架过多等。

造成后果：二次浇筑粘结效果差，会增加后期处理成本甚至可能造成验收不合格。

预防措施：

（1）调整耙式拉毛工具的齿距或滚轮式拉毛工具的轮片距。

（2）当拉毛表面桁架筋或工装架较多时，在边角、死角应进行手工补拉。

3. 拉毛形式不符及其预防

常见的拉毛形式有拉粗毛和拉细毛。拉粗毛多用于二次浇筑叠合面的处理，如叠合楼板、叠合梁等的上表面，常用耙式或滚轮式的拉毛工具作业；拉细毛多用于墙板的内墙面，方便后期进行墙面处理，常用中、细丝的扫把、笤帚等扫毛。造成拉毛形式不符的主要原因是工人对拉毛的作用不明确及责任心不强。

造成后果：影响现场施工，增加后期处理成本。

预防措施：

（1）加强对工人专业知识的培训。

（2）加强对工人的责任心教育，加强作业过程的监督管理。

17.6　外露钢筋表面保护措施

外露钢筋表面有混凝土残渣，不只影响产品的表观质量，也会造成后浇部分钢筋与混凝土握裹力的下降，严重时可能影响结构受力。为确保外露钢筋符合要求，减少成品后期清理的工作量，通常在作业过程中增加下面两项工作：

（1）浇筑前外露钢筋表面作覆盖（图17-9），通过覆盖外露钢筋表面，避免混凝土放料时直接落在外露桁架或钢筋上，是最有效的事前预防措施，可起到较好的效果。

▲ 图 17-9　浇筑前外露钢筋的保护

（2）浇筑后及时清理，混凝土进行第二遍收面时，用钢丝刷将附着在外露钢筋上的混凝土清除掉即可。

第 18 章
夹芯保温板制作常见问题与预防措施

本章提要

　　列举了夹芯保温板拉结件常见的问题清单,从制作角度简单分析了一次作业法的危害、保温拉结件的锚固问题、作业过程中的保温板敷设和其他环节中常见的一些问题,并给出了相应的预防和处理措施。

18.1　夹芯保温板制作常见问题清单

　　夹芯保温板是指两层 PC 板中间夹着保温层,又称为"三明治板"。制作时常见问题如下:

　　(1)保温拉结件松动、偏位或遗漏,锚固质量不可靠,可能导致安全事故。特别是夹芯保温构件采用一次作业法进行浇筑时,存在着很大的质量和安全隐患(详 18.2 节)。

　　(2)拉结件的锚固问题(详见 18.3 节)。

　　(3)保温板拼接缝过大所带来的冷桥问题。

　　(4)外叶板混凝土厚度不一致,钢筋保护层过大或过小,导致混凝土产生了裂缝。

　　(5)养护过程中,保温板蒸养受热引发了收缩变形(图 18-1)。

　　(6)运输和堆放不合理,导致"三明治"内外叶板变形脱层。支垫位置不合理,严重时导致构件发生破坏(图 18-2)。

▲ 图 18-1　保温板蒸养过热融化收缩

▲ 图 18-2　三明治外叶板分层变形

18.2　夹芯保温外墙板一次制作的危害

目前夹芯保温外墙板浇筑方式有一次作业法和两次作业法两种方式。

1. 一次作业法

在外叶板浇筑后，随即铺设预先钻完孔（拉结件孔）的保温材料，插入拉结件后，放置内叶板钢筋、预埋件，进行隐蔽工程检查，赶在外叶板初凝前浇筑内叶板混凝土。此种做法一气呵成，效率较高，但容易对拉结件形成扰动，特别是内叶板安装钢筋、预埋件、隐蔽工程验收等环节需要较多时间，外叶板混凝土开始初凝时，各项作业活动会对拉结件及周边握裹混凝土造成扰动，将严重影响拉结件的锚固效果，形成质量和安全隐患。

2. 两次作业法

外叶板浇筑后，在混凝土初凝前将保温拉结件埋置到外叶板混凝土中，经过养护待混凝土完全凝固并达到一定强度后，铺设保温材料，再浇筑内叶板混凝土。铺设保温材料和浇筑内叶板一般是在第二天进行。

相对而言，一次作业法当前存在着很大的质量和安全隐患，因无法准确控制内外叶板混凝土的浇筑间隔时间，保证所有的作业都在混凝土初凝前完成，初凝期间或初凝后的一些作业环节很容易导致保温拉结件及其握裹混凝土受到扰动，而无法满足锚固要求，所以建议尽可能不采用一次作业法，日本的夹芯保温外墙板都是采用两次作业法，欧洲的夹芯保温外墙板生产线也都是采用两次作业法。

控制内外叶墙板混凝土的浇筑间隔是为了充分保证拉结件与混凝土的锚固质量。

18.3　拉结件锚固问题与预防措施

18.3.1　拉结件锚固问题

（1）预埋式保温拉结件预埋深度不足，加强筋绑扎方法不符合技术要求。

（2）插入式保温拉结件直接隔着保温材料插入，较难控制拉结件锚入外叶板的深度，且混凝土和保温材料破碎的颗粒会对拉结件的握裹力产生不良影响，锚固质量难以把控。

18.3.2　拉结件锚固问题预防措施

1. 预埋式适用于金属类拉结件

采用需预先绑扎的拉结件应当在混凝土浇筑前，提前将拉结件安装绑扎完成，浇筑好混凝土后严禁再扰动拉结件，见图 18-3。

（1）当外叶板厚度为 50mm 时，不锈钢拉结件锚入外叶板的深度应为 45mm（哈芬公司提供参考数值，下同）。

（2）当外叶板厚度为 60mm 时，不锈钢拉结件锚入外叶板的深度应为 50mm。

2. 插入式适用于 FRP 拉结件的埋置

外叶板混凝土浇筑后，要求在初凝前插入拉结件，防止混凝土初凝后拉结件插不进去或虽然插入但混凝土握裹不住拉结件。严禁隔着保温层材料插入拉结件，这样的插入方式会削弱拉结件的锚固力，非常不安全，见图 18-4。

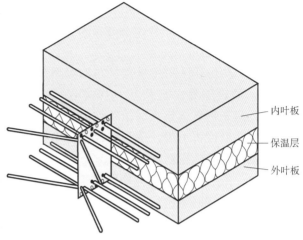

▲ 图 18-3　不锈钢拉结件安装状态示意图

3. 拉结件的锚固长度

不锈钢、FRP 或其他拉结方式的拉结件，锚入外叶板的深度应由设计提供，设计未能提供的，由拉结件供应单位出具专项方案，也应经过设计验算、复核和确认。

外叶板厚度只有 50mm 的情况下，若锚固长度不足，构件将存在极大的安全和质量隐患。无论采用哪种拉结方式，其锚入外叶板的长度至少应超过外叶板截面的中心处，如图 18-5 所示。

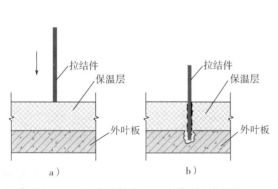

▲ 图 18-4　危险的做法——直接插入拉结件

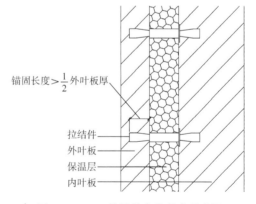

▲ 图 18-5　FRP 拉结件安装状态示意图

4. 防止拉结件锚固出现问题的预防措施

（1）保温板铺设前应按设计图纸和施工要求，确认拉结件和保温板满足要求后，才可安放拉结件和铺设保温板。

（2）不应在湿作业状态下直接将拉结件插入保温板，而是要预先在保温板上钻孔后插入，在插入过程中应使 FRP 塑料护套与保温材料表面平齐并旋转 90°，如图 18-6 所示。

（3）夹芯保温墙板主要采用 FRP 拉结件或金属拉结件将内外叶混凝土层连接。在构件成型过程中，应确保 FRP 拉结件或金属拉结件的锚固长度，混凝土坍落度宜控制在 140 ~ 180mm 范围内，以确保混凝土与连接件间的有效握裹力。

（4）采用二次作业法的夹芯外墙板需选择适用的 FRP 保温拉结件，不适合采用带有塑料护套的拉结件。

（5）二次作业法采用垂直状态的金属拉结件时，可轻压保温板使其直接穿过拉结件；当使用非垂直状态金属拉结件时，保温板应预先开槽后再铺设，需对铺设过程中损坏部分的保温材料补充完整。

（6）生产 L 形夹芯保温外墙时，侧面较高的立模部位宜同步浇筑内外叶混凝土层，生产时应采取可靠措施确保内外叶混凝土厚度、保温材料及拉结件的位置准确。

▲ 图 18-6　FRP 拉结件安装

18.4　保温层敷设问题与预防措施

1. 保温层敷设问题

（1）保温材料切割前未进行合理排版和编号，切割不规范，裁剪较为零碎，导致敷设间隙较大。

（2）保温材料预埋件处开洞较为随意，减少了保温材料的有效覆盖面积。

（3）成型构件保温板材料损坏情况较多。

2. 保温层敷设问题预防措施

（1）保温板在裁剪区预先弹线、放样，合理排版，应尽可能采用大块保温材料敷设，预埋件或拉结件处应预先开孔。规范切割方式，禁止随意裁剪（图 18-7、图 18-8）。

▲ 图 18-7　保温板预先弹线、放样、切割、开孔

（2）保温板铺设应紧密排列，避免敷设间隙过大，以减少拼接缝带来的冷桥或热桥。

（3）保温材料敷设应从四周开始往中间敷设。

（4）对于接缝或留孔的空隙应用聚氨酯发泡剂进行填充。

（5）拆模、组模作业环节，注意对成型后的保温材料进行保护，减少对保温材料的损坏。对于受损的部位，应剔除后重新粘贴。

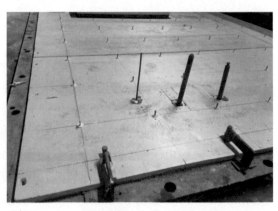

▲ 图 18-8　保温板预先开孔后安装拉结件

18.5 其他制作、养护和运输问题及预防措施

1. 外叶板厚度问题（从内叶板承受外叶板的重量角度考虑）

（1）外叶板厚度影响了钢筋保护层厚度。

本书第 15 章中介绍过，钢筋保护层过大或过小均有可能导致混凝土产生裂缝，从而对混凝土的耐久性产生不良影响。

（2）外叶板混凝土厚度影响了保温拉结件的锚固长度。

若外叶板混凝土整体厚了，拉结件锚端位置发生了偏移，就应检查拉结件伸入外叶板的长度是否能满足大于 1/2 板厚的要求。而此时内叶板需承受更多的外叶板重量，对夹芯墙体的自身结构稳定是非常不利的。

外叶板的混凝土厚度，可以考虑采用设置控制线、设置浇筑高度标尺或将模具分层等多种方法来进行控制。

2. 养护过程的温控问题

养护过程中，保温板蒸养受热引发了融化变形（图 18-1）。

挤塑板受热超过 80℃，可能会产生温度变形。夹芯保温构件在蒸养过程中，控制蒸养温度和混凝土自身温度尤为重要。为避免局部温度集中过热，混凝土静养后，开启蒸养时每小时升温幅度不宜大于 10℃，最高温度不宜超过 45℃。不宜将蒸汽管道直通到构件处进行加热养护。

3. 运输和堆放过程中的问题

运输和堆放不合理，有可能使"三明治"内外叶墙板变形分离脱层。竖立存放或吊装时，若搁置位置不合理，可能导致构件发生破坏，见图 18-2。

（1）设计需给出构件脱模后的支承要求，包括支承点数量、位置和叠放层数等。如果设计没有给出要求，工厂的存放（运输）方案需提请设计复核、验算并确认。

曾经有工厂就因存放不当而导致构件运输中发生断裂，工厂对支承存放必须重视，尤其要按照图纸要求和存放（运输）方案执行。

（2）夹芯保温墙体竖立状态下，一般由内叶板承受外叶板的自重荷载，如图 18-9 所示。工厂存放、垂直运输或施工单位吊装时需考虑设置专用堆放支架或其他措施使支承点位于内叶墙板（承重墙体一侧）的下端中侧，防止因外叶板不能承受内叶板的自重荷载，导致保温拉结件超出荷载引发构件破坏。

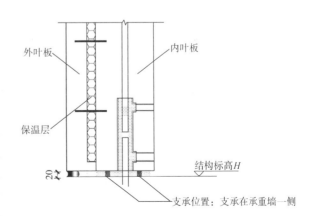

▲ 图 18-9 支承位置应设在承重墙一侧

第 19 章
混凝土养护常见问题与预防措施

本章提要

　　混凝土养护是预制构件生产中非常重要的环节，养护不当会造成预制构件出现裂缝、裂纹、强度不够及耗能过高等问题，严重影响构件质量和生产成本。本章列出了流水线工艺和固定模台工艺在养护环节中常见问题并给出了相应的预防措施。

19.1　流水线工艺养护常见问题及预防措施

　　流水线工艺养护一般采用养护窑集中养护（图 19-1），养护窑内有散热器或者暖风炉进行加温，采用全自动温度控制系统执行混凝土养护的设定曲线。

▲ 图 19-1　养护窑集中养护

养护窑采用蒸汽或其他加温方式养护时，养护过程一般分为静养、升温、恒温和降温四个阶段，见图 19-2。

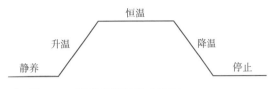

▲ 图 19-2　蒸汽养护过程曲线图

1. 养护窑没有按照养护温度曲线进行养护

流水线养护窑如图 19-3 所示，每一列每个仓位都是连通的，如果整个养护窑集中设置曲线养护，而构件进入养护窑的时间又不统一，那么实现温度曲线养护就比较困难。

如果不能按照升降温坡度曲线实施养护，构件在养护过程中就很容易出现裂缝，见图 1-9。

2. 养护窑窑顶与窑底温差大

有些流水线的养护窑太高，结果造成窑顶与窑底温差太大，见图 19-4。由此养护出来的构件强度不均匀，有些构件达到强度了，有则达不到。

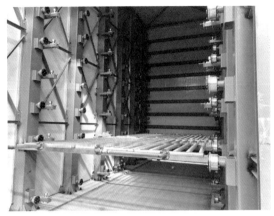

▲ 图 19-3　流水线养护窑

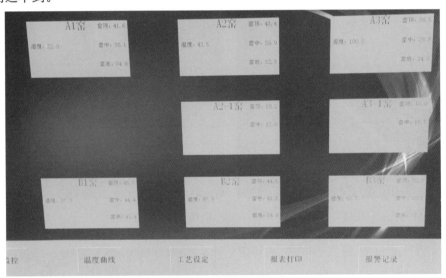

▲ 图 19-4　养护窑窑顶与窑底温差

3. 养护窑温度降不下来

有些养护窑设置的恒温养护温度大于 60℃，在实际养护过程中有可能更高，而又没有采取降温措施，只是依赖加热源停止加热后自然降温，这样就导致很多构件在出窑的时候温度过高，与车间温度温差超过 25℃，尤其是北方工厂冬季厂房温度低的情况下，出窑构件温度过高造成构件出现温差裂缝，见图 19-5。

4. 预防措施

为确保构件养护达到合理效果，流水线工艺养护窑应采取科学的措施来保证构件养护过程不出现问题。

（1）养护窑应分列设置养护温度控制曲线。

（2）养护窑加热源要保证窑顶和窑底温度大致均匀。

（3）养护窑应按照设定的养护曲线降温，从而保证构件进养护窑、出养护窑与环境的温差符合要求。

19.2 固定模台工艺养护常见问题及预防措施

固定模台工艺养护，是指将蒸汽通过管道（图 19-6）直接通到固定模台下或模台侧面，将构件用苫布或移动式养护罩覆盖进行养护（图 19-7）。采用全自动温度控制系统（图 19-8），实现全过程自动调节养护的升温速率、降温速率和恒温温度及时间控制。

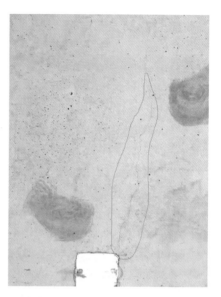

▲ 图 19-5 温差造成的构件裂缝

▲ 图 19-6 蒸汽管道通往模台底部

▲ 图 19-7 覆盖养护

固定模台生产工艺蒸汽养护常见问题如下：

1. 没有温度控制系统

目前好多工厂固定模台蒸汽养护没有设置温控系统，直接将蒸汽通往模台下面或者模台一侧，结果出现温度过高，时间过长造成养护构件表皮脱皮，见图 19-9；或者温度太低，造成早期强度上不来。

直接将蒸汽通往模台下，蒸汽出气孔温度高，再加上蒸养开始时间没有把握好，会导致模台上面的混凝土水分蒸干，混凝土没

▲ 图 19-8 全自动养护控制系统

法进行充分的水化作用，失去了强度，脱模时造成构件黏膜，见图 19-10。或者温度过高导致保温材料受热变形，见图 19-11。

2. 固定模台养护耗能高

因固定模台不能够集中养护，每一个模台上无论构件大小都要开通蒸汽，如此一来蒸汽需求量大增；有的养护棚制作太高（参见第 9 章图 9-4），叠合楼板成型面到养护棚顶面空间太大，浪费了很多不必要的蒸汽。

3. 预防措施

（1）固定模台养护应采用全自动温控系统，全过程自动调节养护的升温速率、降温速率和恒温温度及蒸养开始和结束时间。

（2）养护要有专人负责进行监管、测温，并做好养护记录。

（3）覆盖要做好保温措施，冬季可以采用棉被覆盖保温，见图 19-12。

（4）固定模台蒸汽养护罩高度宜控制在超过构件上表面 30cm 左右即可（上部有出筋的构件除外），不应超过 50cm。

▲ 图 19-9　构件蒸养脱皮现象

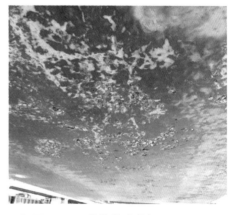

▲ 图 19-10　构件黏膜现象

▲ 图 19-11　构件保温材料受蒸变形

▲ 图 19-12　冬季养护覆盖棉被保温

19.3　养护窑的温控措施

（1）养护窑最好分列分区独立养护，并做好温度控制。

（2）在养护窑的顶部或者侧面加装百叶窗，需要降温的时候能够按照降温速率及时把温度降下来，见图 19-13。

（3）根据环境温度及时调整养护曲线。

（4）通过调节供气量来自动调节每个养护点的升温和降温速率及时间。

▲ 图 19-13　养护窑加装百叶窗

19.4　蒸汽养护后构件保湿措施

蒸汽养护后构件尚未达到设计强度，因此构件脱模后仍然需要对构件进行保湿养护，常见的保湿养护措施如下：

（1）脱模后的构件表面喷涂混凝土养护剂。

（2）有特殊要求的构件（例如用于地下室的构件）宜浸水养护。

（3）洒水养护，确保构件表面保持湿润。

（4）有条件的工厂洒水后可以覆盖遮阳网或苫布。

19.5　自然养护常见问题及应对措施

自然养护构件应防止"三干一低"即风干、烤干、晒干、温度低，构件浇筑完成后要做好以下措施：

（1）及时覆盖苫布或者塑料布防风吹。

（2）收光完成的构件防止车间的电风扇直吹。

（3）防止混凝土未终凝即在太阳下直接暴晒。

（4）不可以采用碘钨灯直接照射、加温构件。

（5）冬天温度低的车间浇筑完混凝土应做好保温措施，防止冻坏。

自然养护与蒸养相比，时间会更长，生产需要的时间和模具更多，存放构件养护的场地也更大。因此要做好生产计划和模具计划，必要时增加模具和场地。

19.6　阳光棚养护常见问题及应对措施

（1）要解决搬运和脱模起吊问题，对于小型构件可采用叉车脱模起吊和转运。

（2）阳光棚（图 19-14）应预留出叉车的作业通道。

（3）阳光棚四周应做好保温，一旦没有阳光，阳光棚的温度下降会很快。

（4）小型构件如果在室外生产，可以制作一个可移动式阳光棚，浇筑完混凝土后再把阳光棚推移到下一步所使用的地方。

（5）阳光棚的制作要选择耐久性材料。

▲ 图 19-14　阳光棚

第20章
脱模、翻转常见问题与预防措施

本章提要

　　预制构件脱模、翻转作业时，由于操作不当经常会导致构件损坏，严重时会导致构件报废，因此对脱模、翻转作业应给予重视。本章列举出板式构件、梁柱构件、复杂构件在脱模、翻转中的常见问题，并给出了相应的预防措施。

20.1　板式构件脱模常见问题与预防措施

　　板式构件在脱模过程中的常见问题主要有起吊不平衡、门窗洞口未做加固措施以及脱模强度不足等。

1. 起吊不平衡

　　由于脱模吊点设计不合理，造成构件脱模时起吊不平衡导致构件损坏（图 20-1）；叠合楼板脱模起吊未使用专用平衡吊具（图 20-2）。

▲ 图 20-1　脱模吊点设计不合理

▲ 图 20-2　未使用专用平衡吊具

2. 门窗洞口的产品未做加固

　　墙板门窗洞口处需要增加防止构件开裂的加固措施（图 20-3），以确保构件在脱模过程中不损坏。

3. 脱模强度不足

产品在脱模时强度未达到设计要求，导致产品损坏或者预埋件从混凝土中被拉拔出来，甚至造成安全事故。

4. 预防措施

（1）制定预制构件的专项吊装方案。

（2）吊装前进行合理地设计，确保构件在脱模起吊时保持平衡。

（3）脱模起吊时使用专用的平衡吊具，如图 20-4 所示。

▲ 图 20-3　门窗洞口加固措施

（4）脱模起吊时，预制构件同条件养护的混凝土立方体抗压强度应符合设计中关于脱模强度的要求，且不应小于 15MPa。当设计没有要求时，混凝土强度宜达到设计标准值的 50%时方可起吊。

（5）起吊前最好利用起重机慢慢起吊构件一侧或将木制撬杠塞进模板与构件之间，来卸载构件吸附力。

（6）构件起吊时，吊绳与水平方向的夹角不得小于 45°，否则应使用专用平衡吊具。

（7）构件起吊前应确认模具已全部打开、吊钩牢固、无松动。预应力钢筋或钢丝已全部放张和切断。

▲ 图 20-4　板式构件常用的架式吊具

20.2　梁柱构件脱模常见问题与预防措施

梁柱构件在脱模过程中常见问题主要有脱模强度不足、未使用专用吊装架等。

1. 脱模强度不足

脱模后的构件缺棱掉角、破损、裂缝，见图 20-5；脱模用预埋螺栓周围出现裂缝（图 20-6）或者被拔出。

主要原因包括：脱模强度不足、模具设计不合理导致卡模、模具螺栓没有完全卸掉等。

2. 未使用专用吊装架

预制柱或者预制梁构件一般比较长，有

▲ 图 20-5　构件缺棱掉角

些连梁在中间只有钢筋连接，因此在脱模起吊时应采用专用的平衡吊装架。如果不正确使用吊装架（图20-7），就很容易对构件造成损坏。

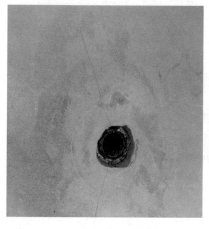

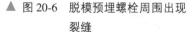

▲ 图20-6 脱模预埋螺栓周围出现裂缝

▲ 图20-7 未使用专用的吊装架

3. 预防措施

（1）制定预制构件专项吊装方案。

（2）合理的设计，确保构件在脱模起吊时保持平衡。

（3）脱模起吊时采用专用的梁式吊具，见图20-8。

（4）脱模起吊时，预制构件同条件养护的混凝土立方体抗压强度，应符合设计关于脱模强度的要求，且不应小于15MPa。当设计没有要求时，混凝土强度宜达到设计标准值的50%时方可起吊。

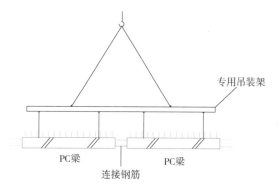

▲ 图20-8 梁式吊具示意图

（5）吊装前最好利用起重机或木制撬杠先卸载构件与模板或其他接触物间的吸附力。

（6）构件起吊前应确认模具已全部打开、吊钩牢固、无松动。

20.3 复杂构件脱模常见问题与预防措施

复杂构件如单莲藕梁（图2-24）、双莲藕梁（图2-25）、T形梁柱（图2-26）、十字形梁柱（图2-27）和飘窗（图2-32）等。

脱模常见问题主要有起吊失衡、构件被磕碰损坏。

预防措施最关键的是吊点布置，起吊点的位置要确保构件起吊时保持平衡，必须采用专用的平衡吊具起吊。

20.4　构件翻转常见问题与预防措施

1. 常见问题

"平躺着"制作的墙板、楼梯板和空调板等构件，脱模后或需要翻转 90°立起来，或需要翻转 180°将表面朝上。

流水线上有自动翻转台，翻转过程一般不会出现问题。而固定模台构件的翻转就经常出现问题，主要原因是忘记设置翻转用预埋件或翻转时对构件防护不到位，造成构件损坏。

2. 预防措施

（1）合理设置翻转吊点。构件在设计阶段需设计翻转专用吊点，并验算翻转工作状态的承载力。

构件翻转作业方法有两种：捆绑软带式（图 20-9）和预埋吊点式。捆绑软带式在设计中须确定软带捆绑位置，据此进行承载力验算。预埋吊点式需要在构件制作前设计吊点位置与构造方式，并进行承载力验算。

a）

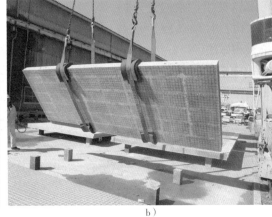

b）

▲ 图 20-9　软带捆绑式翻转

（2）板式构件的翻转吊点一般用预埋螺母，设置在构件边侧（图 20-10）。只翻转 90°立起来的构件，可以与安装吊点兼用；需要翻转 180°的构件，则需要在两个边侧都设置吊点（图 20-11）。

（3）预制柱翻转可通过在柱子底部放置废旧轮胎（图 20-12）等辅助措施。

3. 翻转作业要点

（1）脱模后对构件进行表面检查，检查吊装、翻转吊点埋件周边的混凝土是否有松

▲ 图 20-10　设置在板边的预埋螺母

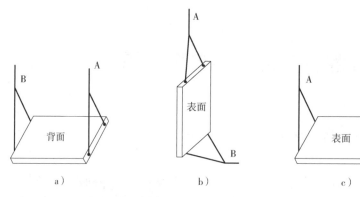

▲ 图 20-11　构件 180°翻转示意图

　　a）构件背面朝上，两个侧边有翻转吊点，A 吊钩吊起，B 吊钩随从

　　b）构件立起，A 吊钩承载

　　c）B 吊钩承载，A 吊钩随从，构件表面朝上

动或裂痕。

　　（2）设计图纸未明确用作构件翻转的吊点，不可擅自使用；须向设计提出，由设计确认翻转吊点位置和做法。

　　（3）自动翻转台设备和起重设备要保持良好的状态。

　　（4）翻转作业应设置专门的场地。

　　（5）应使用正确的吊点和工具进行翻转。

▲ 图 20-12　柱子翻转作业

　　（6）翻转作业应有专人指挥。

　　（7）捆绑软带式翻转作业或起重设备双吊钩作业，主副钩升降应协同作业。

　　（8）吊钩翻转需做好构件支垫处的保护工作。

　　（9）捆绑软带式翻转作业需注意以下几点：

　　1）应采用符合国家标准、安全可靠的吊带。

　　2）应限定吊带使用次数和寿命，使用吊带应有专人进行记录。

　　3）吊带在日常使用中应有专人进行复查。

　　4）应避免吊带直接接触锋利的棱角，使用橡胶软垫进行保护。

　　（10）自动翻转台的液压支承应牢固、可靠，长时间停用重新使用前，应先试运行再投入正式使用。

第21章
修补与表面处理常见问题与处理办法

本章提要

本章针对预制构件修补与表面处理中的常见问题进行了分析,并给出了相应的解决办法。

21.1 构件缺陷修补常见问题与解决办法

在实际的工程案例中经常发生建筑物预制混凝土构件表面修补部位发生大块脱落(图21-1)、清水混凝土表面色差明显(图21-2)等问题,严重影响建筑物的耐久性及美观。造成这些问题的原因通常是构件修补与表面处理作业不规范。

▲ 图21-1 混凝土构件表面修补部位发生大块脱落

▲ 图21-2 清水混凝土表面色差明显

构件缺陷修补常见问题见表21-1。这些问题不仅会影响建筑结构的外观质量,还会降低建筑结构的耐久性,甚至造成安全隐患。

表 21-1　构件缺陷修补常见问题

序号	常见问题	产生原因	造成后果
1	修补部位结合不牢固	（1）修补施工前，结合面没有进行预处理 （2）较大的掉角、破损，没有按要求植筋加固 （3）修补后养护不到位	修补部位混凝土整块脱落
2	修补部位强度低	（1）修补料没有按要求进行配置 （2）修补后没有按要求进行养护	修补部位强度低，耐久性差
3	修补部位发生开裂	（1）修补结合面没有进行预处理 （2）修补料配比不合理 （3）修补后没有按要求进行养护	修补部位易脱落、强度低，耐久性差
4	修补部位不平整、不平直	（1）修补作业方法不对，该支模时没有支模 （2）没有按要求分次修补 （3）操作不熟练	影响构件的外观效果
5	修补部位存在严重的色差	（1）修补料配比不合理 （2）修补作业方法不对	影响构件外观和装饰效果

1. 修补界面结合不牢的预防及处理

修补界面结合不牢固是构件缺陷修补中较常发生且影响最大的问题，通常会造成修补部位整块脱落。发生此问题的主要原因是修补界面预处理不到位、修补时没有按标准的工艺工法施工及修补后养护不到位。

造成后果：修补部位混凝土整块脱落，影响结构耐久性甚至带来安全隐患。

预防措施：

（1）修补工人应进行修补工艺工法的培训并确保掌握。

（2）修补前应对待修补界面进行预处理，确保结合牢固。常用的预处理方法有湿润、凿毛、涂刷界面结合剂等。

（3）当修补部位露筋、深度超过 20mm 或修补面积大于 20cm² 时，应按第 21.1.3 节的方法进行处理；先清理修补部位结合面，做好界面预处理，然后根据实际需要打入钢钉或植筋后再采用与构件同强度等级的砂浆或细石混凝土分数次修补。

（4）修补完成后，修补部位应覆盖保湿养护不少于 7d，构件立面修补处可用胶带粘塑料薄膜封闭养护。

（5）对于已经发生的修补结合不牢固现象，应凿除修补部位的混凝土后按上述（2）~（4）的要求重新处理。

2. 修补部位强度偏低的预防及处理

修补部位混凝土强度偏低的情况也常有发生，可能造成修补处二次损坏或耐久性差等。常见的原因有修补料配比不合理、工人未按修补工艺要求随意修补以及修补后养护不到位等。

造成后果：修补部位二次损坏，修补处的耐久性差。

预防措施：

（1）修补工人应进行修补料配比的培训并确保掌握。

（2）修补时应严格按照修补工艺要求进行作业，根据需要配制合适的修补料，不得随意取用剩下的混凝土或砂浆来修补，修补浆料宜提高 1~2 个强度等级或用环氧砂浆。

（3）修补完成后，修补部位应覆盖保湿养护不少于 7d。

3. 较大缺棱掉角的正确修补方法

通常将掉角部位出现露筋、深度超过 20mm 或面积大于 20cm² 等现象认定为较大的缺棱掉角。修补预制构件较大的缺棱掉角时，为确保修补的质量，应制定专门的修补方案，并落实专人实施。以下是修补较大缺棱掉角专用的工艺方法，供参考。

（1）清理修补界面，凿除松动、疏松的碎渣。

（2）根据修补需要，适当间距打入钢钉或钻孔植入钢筋加固。

（3）吹净浮灰并用清水冲洗干净。

（4）视需要涂刷界面粘结剂并扩展到修补部位以外的一定范围。

（5）用与构件同等级或高一等级的细石混凝土或砂浆分次填补待修部位，应在前一层填补料临近初凝时填补下一层，必要时可在中间放入网格布加固。

（6）修补后，修补表面宜略低于相邻构件表面。

（7）对修补部位进行覆盖保湿养护。

（8）待修补处混凝土强度达到 5MPa 后，拆除外围模板进行表面修饰处理，弱化修补结合处的色差。

（9）继续覆盖保湿养护 7d。

4. 修补色差大的预防及处理方法

修补色差大是预制构件修补和表面处理中发生最多的问题，对预制构件的观感影响很大，多因修补料配比不合理或修补工艺不正确造成。

造成后果：影响预制构件的观感。

预防措施：

（1）修补料配比应打色样，修补用材料应采用与制作色样相同的材料。

（2）修补前根据待修补构件的色泽选取最相近的配比，选色样时，遵循"宜浅不宜深"的原则。

（3）修补料拌制时应搅拌均匀。

（4）修补面层时，不宜反复多次在表面压抹，避免表面发黑，见图 21-3。

（5）宜从一个点开始逐步扩大至整个修补面。

（6）覆盖养护时，覆盖物不得掉色。

5. 修补部位开裂的预防及处理

修补部位开裂（图 21-4）一般有两种情况：一种是修补部分与原混凝土结合处出现裂缝，多为修补结合界面预处理没做好，后果严重的，可能造成修补部位脱落；另一种情况是修补部分的表面出现裂缝，这种情况多为保湿养护不好导致的。

▲ 图 21-3　修补时反复抹压致表面发黑　　　　▲ 图 21-4　修补部位开裂

造成后果：修补部位结合不牢固导致整块脱落或需要重新修补表面裂缝。

预防措施：

（1）如为修补结合处裂缝，应凿除修补部位，根据实际情况按本节 1 或 3 中的要求和方法重做预处理再进行修补。

（2）如为修补部位的表面出现裂缝，经分析认定为养护时失水造成，则可通过适度打磨后做表面处理即可；当分析认为是修补材料本身问题导致的裂缝时，则应凿除修补部位，用性能良好的混凝土按修补工艺要求重新修补。

6. 修补处不平整、不平直的预防及处理

修补部位不平整、不平直（图 21-5）是指修补的表面呈轻微凹凸状、与构件混凝土面存在高差以及边、角线条不直，影响了构件表观质量。常见的原因有修补料配比不合理、修补操作不规范及没有使用模具围护等。

造成后果：影响构件表观质量。

预防措施：

（1）加强修补工艺培训，提高修补人员的素质和技能。

（2）修补料严格按配比数据进行配置，稠度或坍落度不宜过大，避免收缩过大。

（3）修补面积较大的边角部位，宜采用模板围护后再修补，确保边角线条平直。

（4）修补厚度较大的部位时，宜采用多次分层修补，最后再做表面处理。

（5）修补面积较大时，可采用刮尺刮平，避免手工抹压不平整。

▲ 图 21-5　修补部位不平整、不平直

（6）对已出现的不平整、不平直，可适当打磨后做表面处理。

21.2　缓凝剂冲洗常见问题与解决办法

缓凝剂冲洗是实现露骨料粗糙面的必要工序，但在作业过程中经常会发生冲洗后露骨料深度不足、过深或深浅不一等现象，影响二次浇筑的结合效果。

1. 冲洗粗糙面深度不足的预防及解决办法

冲洗粗糙面露骨料深度不足是指表面的砂浆冲刷过少，粗骨料仅露出表面或露出不足粗骨料粒径的 1/3，或局部斑块状出现此种现象，这将严重影响与后浇部分的结合质量。其常见原因是缓凝剂用量不足，涂刷后等待时间过长、涂刷不均匀以及冲洗设备的水压不足或不稳定、构件脱模强度过高等。

造成后果：影响与后浇部分混凝土的结合质量。

预防措施：

（1）根据缓凝剂的特性采用合适的使用量。

（2）缓凝剂涂刷均匀，涂刷后等待时间不宜超过 3h。

（3）冲洗设备的最高水压不宜低于 12MPa，设备应正常。

（4）水源供水应充足，水压应稳定。

（5）构件脱模强度应合适，不应在模内留置时间过长。

（6）冲洗时移动水枪应匀速平稳，避免跳跃式冲洗。

（7）已出现的粗糙面深度不足，可使用打凿或切割等方式加强粗糙面效果。

2. 冲洗后露骨料过深的预防及解决办法

冲洗粗糙面露骨料过深是指表面的砂浆冲刷过度，粗骨料露出超过其粒径的 2/3，或局部斑块状出现此种现象，这将严重影响粗骨料的粘结质量，容易松脱、掉落。其常见原因有缓凝剂用量过多，涂刷过厚以及冲洗设备的水压过大、构件脱模强度过低等。

造成后果：粗骨料与砂浆粘结质量差，易松动、脱落。

预防措施：

（1）缓凝剂用量不得过多，涂刷厚度要适当，并基本保持均匀。

（2）预制构件脱模强度应合适，发现脱模强度偏低时，应调小冲洗压力。

（3）根据冲洗的效果合理调整冲洗压力，避免冲洗过度。

21.3　清水混凝土弱化修补痕迹办法

清水混凝土对表观质量的要求比较高，在修补及表面处理后往往需要对修补痕迹作专门的弱化处理，以达到完美的视觉效果。本节介绍常见清水混凝土修补痕迹的分类及其弱化方法。

1. 常见的清水混凝土修补痕迹分类

常见清水混凝土修补痕迹分类见表21-2。

表21-2 常见清水混凝土修补痕迹分类表

序号	修补痕迹种类	产生原因	弱化难度
1	表面浮灰	修补时不恰当地擦粉或擦浆	小
2	表面色差	修补料配比不对，修补操作不规范	大
3	修补结合面分界线	修补范围较大，边缘曲折不平直	较大
4	打磨痕迹	使用了不合适的磨片和打磨方法	一般

2. 弱化修补痕迹的方法

从表21-2中，我们知道常见的清水混凝土修补痕迹大致可分为四大类，每一类修补痕迹产生的原因也各不相同。因此，必须根据修补痕迹产生的原因采取相应的方法来弱化修补痕迹。

（1）弱化表面色差

表面色差是清水混凝土修补产生的主要痕迹之一，对清水混凝土构件表观质量影响明显，不可避免且弱化难度大。一般可用下列几种方法来弱化表面色差：

1）大面色差可采用擦干粉或湿浆进行弱化。

2）局部小范围色差可采用100目或以上的磨片轻度打磨后重做表面处理。

3）对范围较大、色差不是特别明显的部位，可对色差交界处做过渡处理来弱化或缓冲视觉效果。

（2）弱化修补结合面的分界线

修补结合面的分界线也是一种不可避免的修补痕迹，属于局部的修补痕迹，对清水混凝土构件表观质量的影响比表面色差要小一些，可采用以下方法弱化：

1）用100目或以上的磨片顺分界线小范围轻度打磨。

2）当打磨的弱化效果不明显时，可采用开浅小"V"形槽并填浆修补的方法处理。

（3）弱化打磨痕迹

打磨痕迹多是因使用了不合适的磨片所导致，这种情况下一般不会大面积出现，对构件表观质量影响不大，通常可采用100目或以上的磨片进行打磨抛光或用海绵擦稀浆的方法处理。

（4）去除或弱化表面浮灰

构件修补后产生表面浮灰的常见原因是擦了较多的干粉或稀浆，一般可用软毛刷或软的棉布轻轻抹掉浮灰即可。

21.4 装饰混凝土弱化修补痕迹办法

装饰混凝土是一种兼具装饰美化功能的预制混凝土，在修补及表面处理后需要对修补痕迹作专门的弱化处理，以达到完美的装饰美化效果。本节介绍常见装饰混凝土修补痕迹的分类及其弱化方法。

1. 常见的装饰混凝土修补痕迹分类

常见装饰混凝土修补痕迹分类见表 21-3。

表 21-3　常见装饰混凝土修补痕迹分类

序号	修补痕迹种类	产生原因	弱化难度
1	表面质感差异	修补时采用了不恰当的配比或处理方法	较大
2	表面色差	修补料配比不对，修补操作不规范	大
3	修补结合面分界线	修补范围较大，边缘曲折不平直	一般
4	打磨痕迹	使用了不合适的磨片和打磨方法	小

2. 装饰混凝土弱化修补痕迹的办法

表 21-3 将装饰混凝土修补痕迹大致分为了四大类，并列述了每一类修补痕迹产生的原因。我们可以根据其产生的原因采用相应的方法来弱化修补痕迹。

（1）弱化表面色差

表面色差是装饰混凝土修补产生的主要痕迹之一，对装饰混凝土构件表观质量影响明显，不可避免且弱化难度大。一般可用下列几种方法来弱化表面色差：

1）大面积色差色深部分可采用擦干的白水泥或用清水洗刷，色浅的话可采用调好色的颜料处理表面来进行弱化。

2）局部小范围色差可采用清水或草酸洗刷色差的边缘位置。

3）对范围较大、色差不是特别明显的部位，可对色差交界处用草酸洗刷来弱化或缓冲视觉效果。

（2）弱化表面质感差异

表面质感差异是装饰混凝土修补所特有的，对装饰混凝土构件表观质量影响较明显。对质感差异较大的部位可通过凿除质感层重做来处理；对差异不大的部位，可用草酸及刷子配合刷洗来处理。

（3）弱化打磨痕迹

打磨痕迹多是因使用了不合适的磨片产生的，对构件表观质量影响不大，通常可用草酸刷洗后再用 100 目或以上的磨片进行打磨抛光的方法处理。

（4）弱化修补结合面的分界线

修补结合面的分界线也是装饰混凝土不可避免的修补痕迹，属于局部的修补痕迹，对装饰混凝土构件表观质量的影响较小，弱化可采用草酸刷洗或用 100 目或以上的磨片顺分界线小范围轻度打磨的办法处理。

第 22 章
构件的存放、装车和运输

本章提要

本章列出并分析了构件存放、装车和运输中的常见问题，并给出了具体的预防办法。

22.1 构件存放常见问题与预防办法

22.1.1 构件存放的常见问题

预制构件存放常见的问题有：

（1）不同规格的叠合板错误地混放在一起，可能导致较长的叠合楼板在支撑处出现裂缝，如图 22-1 所示。

（2）叠合板垫方上下不在一条垂直线上，容易导致叠合板产生裂缝，如图 22-2 所示。

▲ 图 22-1 不同规格叠合板错误地混放在一起

▲ 图 22-2 叠合板垫方不在一条垂直线上

（3）存放层数过高，如图 22-3、图 22-4 所示，不安全、不方便，容易导致下层叠合板出现裂缝。

▲ 图 22-3 存放层数过高的墙板

▲ 图 22-4 存放层数过高的叠合板

（4）地面不平或者垫方不平，如图 22-5 所示，容易磕碰损坏或者导致裂缝。

（5）无垫方，随意堆放的叠合梁，如图 22-6 所示，容易磕碰损坏或者导致裂缝。

▲ 图 22-5 地面不平或者垫方不平整时存放的楼梯

▲ 图 22-6 无垫方，随意堆放的叠合梁

22.1.2 构件存放常见问题的预防办法

为避免构件存放中可能出现的各种问题，构件工厂应根据构件类型、形状、重量、规格事先设计存放方案，包括存放方式、支承点、支承方式等。

普通预制构件一般应按品种、规格型号、检验状态分类存放，不同的预制构件存放的方式和要求也不一样，以下给出几种常见预制构件存放的方式及要求。

1. 叠合楼板存放方式及要求

（1）叠合楼板宜平放，叠放层数不宜超过 6 层。如果场地不足，不得不超过 6 层时，须进行结构验算，并采用尺寸大材质好的垫方。存放叠合楼板应按同项目、同规格型号分别叠放，见图 22-7。叠合楼板不宜混叠，如果确需混叠应进行专项设计，避免造成裂缝。

（2）叠合楼板存放要保持平稳，底部应放置垫木或混凝土垫块，垫木或垫块应能承受上部叠合楼板的重量而不致损坏。垫木或垫块厚度应高于吊环或支点。

（3）叠合楼板叠放时，各层支点在纵横方向上均应在同一垂直线上，见图22-8。支点位置设置原则上应经设计人员确定。

▲ 图22-7　相同规格型号的叠合楼板叠放实例

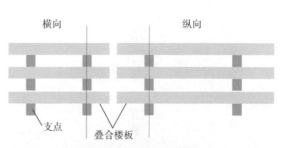

▲ 图22-8　叠合楼板各层支点在纵横方向上均在同一垂直线上

2. 楼梯存放方式及要求

（1）楼梯宜平放，叠放层数不宜超过4层，宜按同项目、同规格和同型号分别叠放。

（2）应合理设置垫块位置，确保楼梯存放稳定，支点与吊点位置须一致，见图22-9。

（3）起吊时防止端头磕碰，见图22-10。

▲ 图22-9　楼梯支点位置

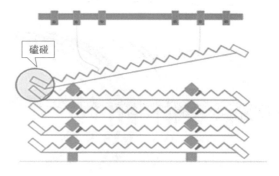

▲ 图22-10　起吊时防止磕碰

（4）楼梯采用侧立存放时（图22-11）应做好防护，防止倾倒，存放层高不宜超过2层。

3. 内外墙板、挂板存放方式及要求

（1）对侧向刚度差、重心较高、支承面较窄的预制构件，如内外墙板、挂板等预制构件宜采用插放或靠放的存放方式。

（2）插放即采用存放架立式存放，存放架及支撑档杆应有足够的刚度，且靠稳垫实，见图22-12。

（3）当采用靠放架立放预制构件时，靠放架应具有足够的承载力和刚度，靠放架应

▲ 图22-11　楼梯侧立堆放

放平稳，靠放时必须对称靠放和吊运，预制构件与地面倾斜角度宜大于 80°，预制构件上部宜用木块隔开（图 22-13）。靠放架的高度应为预制构件高度的三分之二以上（图 22-14）。有饰面的墙板采用靠放架立放时饰面应朝外。

▲ 图 22-12　立放法存放的外墙板

▲ 图 22-13　用靠放法存放的外墙板

（4）预制构件采用立式存放时，薄弱预制构件、预制构件的薄弱部位和门窗洞口应采取防止变形开裂的临时加固措施。

4. 梁和柱的存放方式及要求

（1）梁和柱宜平放，具备叠放条件的，叠放层数一般不超过 3 层。

（2）一般用枕木（或方木）作为支撑垫木，支撑垫木应置于吊点下方或吊点下方的外侧。

（3）各层枕木（或方木）的相对位置应在同一条垂直线上，见图 22-15。

▲ 图 22-14　靠放法使用的靠放架

▲ 图 22-15　上层支承点位于下层支撑点外，造成梁上部裂缝

5. 其他预制构件存放方式及要求

（1）规则平板式的空调板、阳台板等板式预制构件存放方式及要求参照叠合楼板存放方式及要求。

（2）不规则的阳台板、挑檐板、曲面板等预制构件的存放应进行专项设计。

（3）带飘窗的墙体应设有支架立式存放或加支撑、拉杆稳固。

（4）梁柱一体三维预制构件存放应当设置防止倾倒的专用支架。

（5）L形预制构件存放可参见图22-16和图22-17。

▲ 图22-16 L形板存放实例

▲ 图22-17 L形板存放实例

（6）槽形预制构件的存放可参照图22-18。

（7）大型预制构件、异型预制构件的存放须按照设计方案执行。

（8）预制构件的不合格品及废品应暂放在单独区域，并做好明显标识，严禁混放。

22.2 场地问题及其处理

▲ 图22-18 槽形板存放实例

存放预制构件场地应符合以下要求：

（1）存放场地应在现场门式起重机可以覆盖的范围内。

（2）存放场地布置应当方便运输预制构件的大型车辆装车和出入。

（3）存放场地应平整、坚实，宜采用硬化地面或草皮砖地面。

（4）存放场地应有良好的排水措施。

（5）存放预制构件时要留出通道，不宜密集存放。

（6）存放场地宜根据工地安装顺序分区存放预制构件。

（7）存放库区宜实行分区管理和信息化台账管理制度。

22.3 场地不足的应急措施

预制构件工厂对存放场地面积的要求很高，通常建议厂房与场地的比例是1∶3的关系，即 1 万 m² 的厂房应搭配 3 万 m² 的场地，否则，就可能出现场地不足的情况。

场地不足的救急措施详见本书第 3 章第 3.8 节。

22.4　构件装车与运输中的常见问题与预防措施

1. 构件运输过程中发生的安全事故举例

▲ 图 22-19　运输中构件倾倒

2017 年 09 月 13 号某公司在运输某项目 12m 柱形构件时，运输车走到丁字路口急转弯处时，由于车速过快，构件固定不牢，将构件甩落到地下，如图 22-19 所示。

该事故造成构件整体断裂报废，运输车辆受损，直接经济损失数万元，所幸未造成人员伤亡。

反思该事故产生的原因，主要有两点：一是预制构件厂家对大型预制构件的装车固定等方式经验不足，对所装预制构件的固定不足，容易倾倒；二是司机运输重心高的大型构件经验不足，安全意识淡薄，在转弯时没控制好车速，使车辆离心力过大，造成事故。

2. 构件装车的常见问题与预防措施

承接预制构件订单之初，在构件工厂的技术交底会上，技术部门应就已承接的构件设计装车运输方案，且该方案应得到装车部门及运输部门的确认。

技术部门在进行装车方案设计时，应注意以下几点：

（1）避免超高超宽。

（2）做好配载平衡。

（3）采取防止构件移动或倾倒的固定措施，如图 22-20 所示。

（4）在构件有可能移动的空间用聚苯乙烯板或其他柔性材料隔垫，保证车辆转急弯、急刹车、上坡、颠簸时构件不移动、不倾倒、不磕碰。

▲ 图 22-20　叠合板装车时用绑扎带固定

（5）支承垫方垫木的位置与存放一致。宜采用木方作为垫方，木方上应放置白色胶皮，白色胶皮的作用是在运输过程中起到防滑及防止构件垫方处造成污染。

（6）有运输架子时，应保证架子的强度、刚度和稳定性，与车体固定牢固。

（7）构件与构件之间要留出间隙，构件之间、构件与车体之间、构件与架子之间应设置隔垫。防止在运输过程中构件与构件之间的摩擦及磕碰。

（8）构件设置保护措施，特别是棱角处应设有保护垫。固定构件或封车绳索接触的构件表面要有柔性且不能造成污染的隔垫。

（9）装饰一体化和保温一体化构件应有防止污染的措施。

（10）在不超载和确保构件安全的情况下尽可能提高装车量。

（11）梁、柱、楼板装车时应平放；楼板、楼梯装车时可叠层放置。

（12）剪力墙构件运输宜使用运输货架。

（13）考虑各种车型的运输限制值，对超高、高宽构件应办理准运手续，运输时应设置明显的警示灯和警示标志。

（14）有条件的构件工厂可以选择预制构件专用运输车，如图 22-21 和图 22-22 所示，以便能达到最大的运输效率。

▲ 图 22-21　发达国家预制构件专用运输车

▲ 图 22-22　国内三一快而居公司研发的预制构件专用运输车

（15）常见构件运输方案可参照图 22-23～图 22-28。

▲ 图 22-23　墙板运输实例

▲ 图 22-24　大梁运输实例

▲ 图 22-25　预制柱运输实例

▲ 图 22-26　墙板和 L 形板运输实例

▲ 图 22-27　预应力叠合板运输实例

▲ 图 22-28　莲藕梁运输实例

2. 构件运输中的常见问题与预防措施

（1）预制构件运输应制定运输方案，其内容包括运输时间、次序、存放场地、运输线路、固定要求、存放支垫及成品保护措施等。对于超高、超宽、形状特殊的大型构件的运输应有专门的质量安全保证措施。

（2）事先应对运输线路进行勘察，内容包括该路线有无涵洞、高架桥等高度限制，该路段有无交通部门限行规定等，有没有大车无法转弯的急弯或限制重量的桥梁及减速坎等。

（3）事先应对工地现场进行勘察，内容包括有无暂存场地，工地大门入口的宽窄，转弯半径大小等，以确定合适的运输车辆。

（4）安全管理人员应统一对司机进行培训，并进行运输要求交底，讲解注意要点及遵守交通法规，不得急刹车，急提速，转弯要缓慢等。

（5）首次运输应当派出车辆在运输车后面随行，观察构件的稳定情况。

（6）预制构件的运输时间应根据施工安装顺序来制定，如有施工现场在车辆禁行区域的应选择夜间运输，并要保证夜间的行车安全。

（7）常见的装配式部品部件运输限制参考表 22-1。

表 22-1 装配式部品部件运输限制

情况	限制项目	限制值	部品部件最大尺寸与质量			说明
			普通车	低底盘车	加长车	
正常情况	高度/m	4	2.8	3	3	
	宽度/m	2.5	2.5	2.5	2.5	
	长度/m	13	9.6	13	17.5	
	重量/t	40	8	25	30	
特殊审批情况	高度/m	4.5	3.2	3.5	3.5	高度4.5m是从地面算起的总高度
	宽度/m	3.75	3.75	3.75	3.75	总宽度指货物总宽度
	长度/m	28	9.6	13	28	总长度指货物总长度
	重量/t	100	8	46	100	重量指货物总重量

说明：本表未考虑桥梁、隧洞、人行天桥、道路转弯半径等条件对运输的限值。

第 23 章
档案环节存在的问题与预防措施

本章提要

　　本章分析了档案环节存在的问题与预防措施，对建档、存档与交付等环节进行了深入的分析，并对不能遗漏的试验项目、影像档案这两个专题进行了讨论。

23.1　建档、存档与交付环节的常见问题与预防措施

1. 建档、存档与交付环节的常见问题

　　现浇混凝土建筑工程档案是由施工企业建档交付的。装配式建筑有一部分作业是在构件制作工厂完成的，那么相应的档案也应该在构件制作过程中形成，并及时归档交付。

　　由于一些构件制作工厂对工程档案不熟悉或不重视，导致出现一些问题，包括：

　　（1）不知道建档、归档内容，导致档案缺项。

　　（2）应现场形成的档案，却事后补做。

　　（3）档案不符合交付要求，如缺少监理签字等。

　　（4）未执行规定的交付流程。

2. 应当建档、存档的文件清单

　　为了避免建档、存档遗漏，应该对每个工程建立一个建档清单。这里结合国家标准《混凝土结构工程施工质量验收规范》GB 50210—2015 和《装配式混凝土结构技术规程》JGJ 1—2014 列出建档清单，供读者参考。

　　（1）经原设计单位确认的预制构件深化设计图、变更记录。

　　（2）钢筋套筒灌浆连接、浆锚搭接连接的型式检验合格报告。

　　（3）预制构件混凝土用原材料、钢筋、灌浆套筒、连接件、吊装件、预埋件、保温板等产品合格证和复检试验报告。

　　（4）灌浆套筒连接接头抗拉强度检验报告。

　　（5）混凝土强度检验报告。

　　（6）预应力筋用锚具、连接器的质量证明文件和抽样复检报告。

　　（7）隐蔽工程验收记录。

　　（8）结构实体检验记录。

　　（9）预制构件出厂检验表。

（10）预制构件修补记录和重新检验记录。

（11）预制构件出厂质量证明文件。

（12）预制构件运输、存放、吊装全过程技术要求。

（13）预制构件生产过程台账文件。

（14）重大质量问题的处理方案和验收记录。

一般来说，除了上述清单之外，各个构件制作工厂还应查询一下工程所在地的地方标准中关于建档的要求，并纳入以上清单。

3. 建档、存档与交付环节常见问题的预防措施

为避免出现建档资料缺项、建档资料错误、建档不及时的问题，建议采取措施如下：

（1）建立专门的建档资料检查表，将所有建档时需要的资料清单分类列出，每个新项目出现时，都要按照该检查表逐一检查，逐一落实，防止遗漏。

（2）设立专门的有经验的或经过培训的资料管理人员，且该资料员应了解生产构件的基本流程和基本知识，防止出错。

（3）建立专门的建档资料时间表，该表应以与总包方协商好的第一批交货时间为基础，向前倒推何时开始生产构件、何时开始收集或委托各种资料。向后的按照交货顺序，根据建档要求及时提供建档资料。

（4）交付时要装订，避免散落、遗漏。

（5）文件交付要一式两份，交付一份，厂家留存一份。

（6）当设计有要求或合同约定时，还要提供其他相应的文件。

23.2 不能遗漏的试验项目

为了确保预制构件的生产质量，按照规范要求，构件厂应确保以下试验项目均按照要求完成，不可遗漏。

1. 混凝土抗压强度试验

《装配式混凝土建筑技术标准》GB/T 51231 中第 9.7.11 条规定和混凝土强度国家标准《混凝土强度检验评定标准》GB/T 50107 的有关规定：

（1）混凝土检验试件应在浇筑地点取样制作。

（2）每拌制 100 盘且不超过 100m³ 的同一配合比混凝土，每工作班拌制的同一配合比的混凝土不足 100 盘时为一批。

（3）每批制作强度检验试块不少于 3 组、随机抽取 1 组进行同条件转标准养护后强度检验，其余可作为同条件试件在预制构件脱模和出厂时控制其混凝土强度，还可根据预制构件吊装、张拉和放张等要求，留置足够数量的同条件混凝土试块进行强度检验。

（4）蒸汽养护的预制构件，其强度评定混凝土试块应随同构件蒸养后，再转入标准条件养护。构件脱模起吊、预应力张拉或放张的混凝土同条件试块，其养护条件应与构件生产中采用的养护条件相同。

（5）除设计有要求外，预制构件出厂时的混凝土强度不宜低于设计强度等级值的 75%。

2. 灌浆套筒拉拔试验

《装配式混凝土建筑技术标准》GB/T 51231 中唯一的一条强制性条文，就是要求钢筋灌浆套筒连接接头必须进行抗拉强度试验，这个试验在预制构件工厂和建筑工地都要做，但是预制构件工厂遗漏的概率较大，必须特别强调。

进行灌浆套筒拉拔试验时，应特别注意以下三个步骤：

（1）原材料检查

检查进厂的套筒接头型式检验报告、外观检测报告和灌浆料的材料性能检测报告。

（2）连接接头试件制作

1）按要求称量灌浆料和水。

2）灌浆套筒连接接头试件水平放置，且灌浆孔、出浆孔朝上，使用手动灌浆器或者灌浆机进行灌浆，当灌浆孔、出浆孔的灌浆料拌合物均高于灌浆套筒外表面最高点时应停止灌浆，并及时封堵灌浆孔、出浆孔。封堵 30s 后，打开封堵塞检查是否灌满，一旦发现灌浆料拌合物下降，应及时补灌。

3）灌浆过程中，在出浆孔处看见有明显灌浆料拌合物流动时可用软钢丝线插入搅动进行疏导。灌浆前后灌浆套筒连接接头试件见图 23-1 和图 23-2。

（3）拉拔试验

抗拉强度检验结果应符合现行行业标准《钢筋套筒灌浆连接应用技术规程》（JGJ 355）的有关规定。

1）同一批号、同一类型、同一规格的灌浆套筒，以不超过 1000 个为一批，每批随机抽取 3 个制作对中连接接头试件。

2）不同钢筋生产企业的进场钢筋均应进行接头拉拔试验，当更换钢筋生产企业，或同

▲ 图 23-1　灌浆套筒连接接头试件（灌浆前）　　▲ 图 23-2　灌浆套筒连接接头试件（灌浆后）

一生产企业生产的钢筋外形尺寸与已完成工艺检验的钢筋有较大差异时，应再次进行拉拔试验。

3）试验方法应当由设计提出。

拉拔试验见图 23-3。

3. 浆锚搭接成孔方式可靠性的验证试验

浆锚搭接的成孔方式是靠螺旋旋转而成，如图 23-4 所示。《装配式混凝土建筑技术标准》

▲ 图 23-3　灌浆套筒拉拔试验

▲ 图 23-4　采用预埋金属波纹管的成孔方式

GB/T 51231 中规定必须要进行试验验证后方能使用，但这一环节很容易被忽视，成孔方式的不可靠将直接导致连接失效，造成重大的结构安全隐患。

验证方法：

墙体底部预留灌浆孔道直线段长度应大于下层预制剪力墙连接钢筋伸入孔道内的长度 30mm，孔道上部应根据灌浆要求设置合理弧度。孔道直径不宜小于 40mm 和 2.5d（d 为伸入孔道的连接钢筋直径）的较大值，孔道之间的水平净间距不宜小于 50mm；孔道外壁至剪力墙外表面的净间距不宜小于 30mm。当采用预埋金属波纹管成孔时，金属波纹管的钢带厚度及波纹高度应符合现行行业标准《预应力混凝土用金属波纹管》JG 225 的有关规定。镀锌金属波纹管的钢带厚度不宜小于 0.3mm，波纹高度不应小于 2.5mm。当采用其他成孔方式时，应对不同预留成孔工艺、孔道形状、孔道内壁的粗糙度或花纹深度及间距等形成的连接接头进行力学性能以及适用性的试验验证。

4. 夹芯保温板拉结件性能验证试验

《装配式混凝土建筑技术标准》GB/T 51231 中第 9.7.9 条规定，夹芯外墙板的内外叶墙板之间的拉结件类别、数量、使用位置及性能应符合设计要求，如图 23-5 所示。

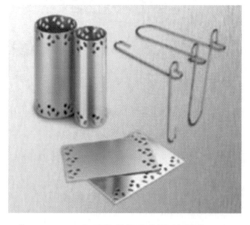

▲ 图 23-5　金属拉结件和树脂拉结件

但对于具体需要试验验证的项目，标准中并没有给出具体要求。这就要求设计院在设计拉结件时，绝不能简单指定使用拉结件即可，而应该对其材质要求、排布方式、锚固方式进行详细设计，并提出试验验证时需要验证的内容，如抗拉、抗剪、锚固、耐久性等；以便预制构件工厂能够依照具体要求进行试验验证。

5. 预制构件结构性能检验

《装配式混凝土建筑技术标准》GB/T 51231 中第 11.2.2 条规定，专业企业生产的预制构件进场时，预制构件结构性能检验应符合下列规定。

（1）梁板类简支受弯预制构件进场时应进行结构性能检验，如图 23-6 和图 23-7 所示，并应符合下列规定：

▲ 图 23-6　预制楼梯结构性能检验　　　▲ 图 23-7　预制叠合板结构性能检验

1）结构性能检验应符合国家现行标准的有关规定及设计的要求，检验要求和试验方法应符合现行国家标准《混凝土结构工程施工质量验收规范》GB 50204 的有关规定。

2）钢筋混凝土构件和允许出现裂缝的预应力混凝土构件应进行承载力、挠度和裂缝宽度检验；不允许出现裂缝的预应力混凝土构件应进行承载力、挠度和抗裂检验。

3）对大型构件及有可靠应用经验的构件，可只进行裂缝宽度、抗裂和挠度检验。

4）对使用数量较少的构件，当能提供可靠依据时，可不进行结构性能检验。

5）对多个工程共同使用的同类型预制构件，结构性能检验可共同委托，其结果对多个工程共同有效。

（2）对于不可单独使用的叠合板预制底板，可不进行结构性能检验。对叠合梁构件，是否进行结构性能检验以及结构性能检验的方式应根据设计要求确定。

（3）对本条第（1）、（2）款之外的其他预制构件，除设计有专门要求外，进场时可不做结构性能检验。

（4）本条第（1）~（3）款规定中不做结构性能检验的预制构件，应采取下列措施：

1）施工单位或监理单位代表应驻厂监督生产过程。

2）当无驻厂监督时，预制构件进场时应对其主要受力钢筋数量、规格、间距、保护层厚度及混凝土强度等进行实体检验。

检验数量：同一类型预制构件不超过 1000 个为一批，每批随机抽取 1 个构件进行结构性能检验。

检验方法：检查结构性能检验报告或实体检验报告。

注："同类型"是指同一钢种、同一混凝土强度等级、同一生产工艺和同一结构形式。抽取预制构件时，宜从设计荷载最大、受力最不利或生产数量最多的预制构件中抽取。

23.3　影像档案常见问题与预防措施

隐蔽工程验收是一个极其重要的验收环节，影像档案就是确保这一环节的最重要的辅助手段之一。

一般来讲，无论是生产线工艺还是固定模台工艺，每天的生产量都很大，单靠驻厂监理是不可能见证所有的隐蔽工程验收的，保存影像档案就成为了一个非常必要的控制手段。

在隐蔽工程验收或者其他重要工序需要保存照片、视频档案时，常见的问题与预防措施如下：

（1）隐蔽工程检验合格后在浇筑混凝土前要进行拍照，拍照时要在模具上立产品标识牌，内容为，项目名称、施工部位、混凝土强度等级、生产日期、生产厂家等，如图23-8所示。

（2）在混凝土浇筑过程中需要对其进行视频录像，并存放。

（3）夹芯保温外墙板的内外叶墙板之间的拉结件安放完后要进行拍照记录。

（4）照片和视频都要存放在构件的档案中。当构件出现问题，方便及时查找。

▲ 图 23-8　浇筑前隐蔽工程检查拍照